C'era una Volta Celeste

Storie del firmamento.

Massimo Mogi Vicentini
Farid-ud-Din

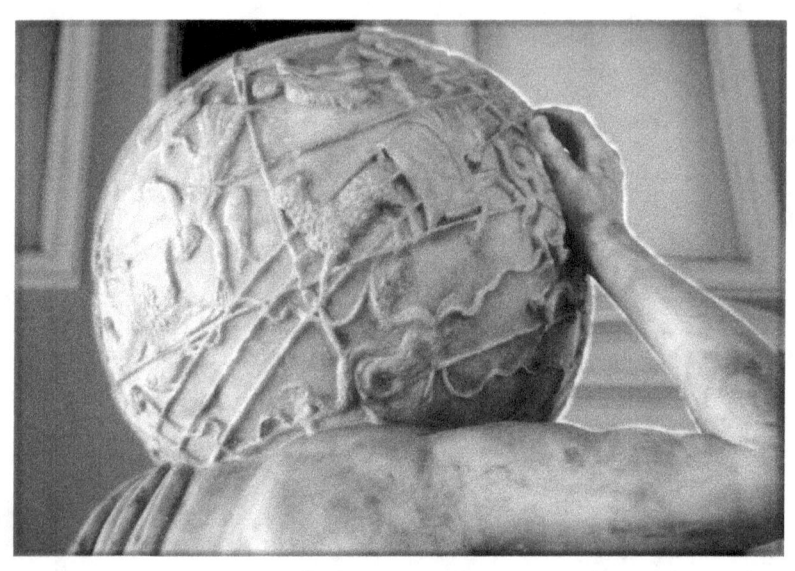

l'Atlante Farnese (II sec.).

in copertina: il dio Geb (la Terra) e la dea Nut (il Cielo) della classica cosmologia egizia. Secondo alcuni autori, il corpo stellato della dea potrebbe rappresentare specificamente la Via Lattea.

Questo lavoro è nato negli anni da appunti sparsi per le mie lezioni e conferenze di astronomia. Sempre curioso quanto smemorato, ho sentito il bisogno di un po' di riordino sistematico delle informazioni sul firmamento come tradizione.

Benchè il cielo sia stato osservato assiduamente per migliaia d'anni, a tutt'oggi non è possibile disporre di uno scenario del tutto coerente e ben documentato di come sia stato pensato e descritto in dettaglio nelle diverse culture.

La letteratura odierna sui miti e le figure celesti è tuttora frammentaria, ed è facile imbattersi in lacune e incongruenze, più vistose quando gli studi e le pubblicazioni tendono all' approfondimento specialistico. Ciò è tanto più evidente se si esce dall'ambito meglio conosciuto della cultura classica occidentale, e dal bacino di riferimento del Mediterraneo, come qui si è cercato di fare in qualche misura.

Da sempre, inoltre, il confine tra astronomia culturale e astrologia è stato creduto sfumato e soggettivo, come se vi debba essere un limite di competenze della prima. È mia opinione che si tratti di discipline inequivocabilmente distinte, inoltre che in tutti i tempi e in tutte le culture siano sempre esistite, anche se in modo embrionale, visioni coerenti con una logica scientifica; e soprattutto, che sia possibile e sensato esplorare il mito e la tradizione in una prospettiva scientifica.

Le informazioni presentate qui, benchè molto sintetiche e certamente non definitive, sono frutto di una selezione molto ragionata quanto a fonti e verifiche incrociate. Considerata la fondamentale importanza delle culture greca ed araba in materia, per le figure dello zodiaco e le stelle più importanti se ne è data anche la scrittura in lingua originale.

Questo lavoro è dedicato a Stella Marina: un asterismo non reperibile in alcuna uranografia, in quanto oggetto e soggetto di ricerca riservata e personale.

Pieve Ligure, seconda edizione, febbraio 2018.

Massimo Mogi Vicentini (identità Italiana)
Farid-ud-Din (identità Naqshbandi)

Testo sulla levata eliaca di Sirio (da Flinders Petrie, Illahun). Si ritiene corrisponda al settimo anno del regno di Sesostri III (XX sec. A.C.) .

Miti e disegni nel cielo.

Sia nella tradizione orale che nell'arte rupestre, si hanno indubbi riferimenti agli astri che risalgono al Paleolitico superiore, se non prima. La mancanza di documenti o descrizioni esplicite rende però impossibile ricostruzioni certe; questa è una situazione che perdura fino alle ricche iconografie e letterature egizia e sumerica, dove i riferimenti agli oggetti celesti sono abbastanza evidenti, ma ancora non organizzati in modo così sistematico da permettere la loro identificazione, se non in casi limitati e attraverso deduzioni laboriose. Evidentemente, né un'esatta geografia del cielo né della Terra rientravano in quei canoni, né quindi erano oggetto di studio o insegnamento; lo divennero poi accompagnando il progresso dell'agricoltura e della navigazione.

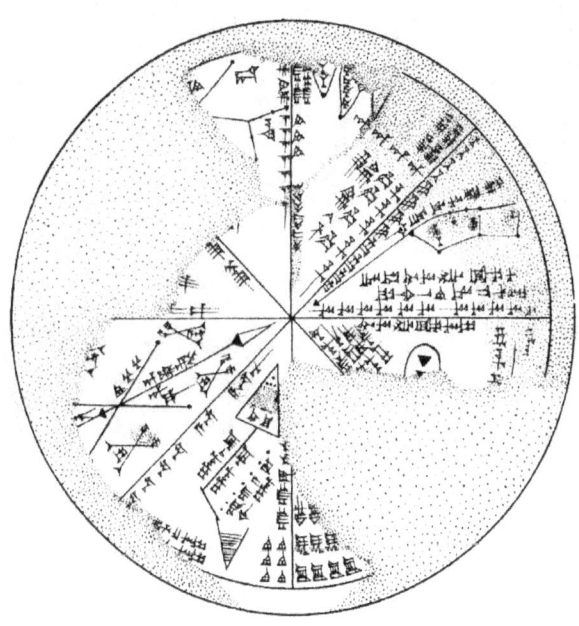

Costellazioni descritte in cuneiforme su un medaglione di argilla, dalla biblioteca di Assurbanipal a Ninive.

5

In alcune delle culture più antiche, come quella mesopotamica e cinese, in cielo si ravvisavano i segni del destino dei regnanti e degli stati, con speciale attenzione alle configurazioni degli astri erranti, ma senza alcuna sistematizzazione che andasse oltre gli scopi del calendario.

Una prima struttura celeste signficativa fu quella sumerica, organizzata secondo tre diverse zone di cielo: quella circumpolare, la "via" di Enki, quella equatoriale-zodiacale di Anu, e quella australe di Ea. Le tre divinità governavano rispettivamente la regione aerea più settentrionale coi fenomeni meteorologici, quella zenitale col regno del cielo, e quella australe acquatica.

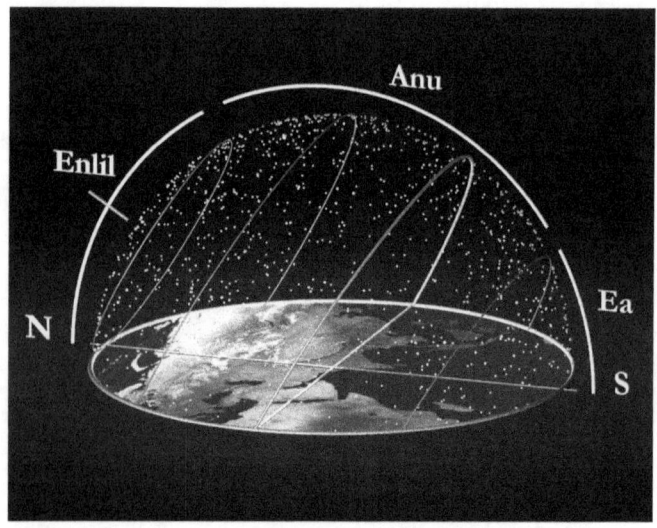

Le "vie" dei cieli boreale, zenitale e australe.

Oltre a questa zonatura in latitudine, viene descritta una stratificazione verticale su tre livelli. Il cielo inferiore è la cupola stellata visibile dalla terra; costruita come una volta di pietra azzurra o blu, come tuttora descritta in diverse culture aborigene africane, è la sede di tutti gli astri visibili di giorno e di notte. La loro configurazione e le loro traiettorie sono opera del demiurgo

Marduk, il quale costruì e dispose le costellazioni, e in particolare quelle zodiacali, con i brandelli del mostro Tiamat da lui sconfitto, e vi stabilì il corso degli astri erranti. I cieli intermedio e superiore sono residenze divine, occupate da Anu, Bel, Ishtar e un numero elevato ma incerto di divinità minori (Igigi e Anunnaki); non sono visibili da terra, ma possono essere raggiunti da porte e scale celesti, come viene accennato nell'Epopea di Gilgamesh, nell'Erra e nel viaggio di Etana di cielo in cielo (vedi Aquila).

La struttura stratificata dei cieli è chiaramente formalizzata nell'idea di Aristotele delle sfere concentriche, e la cosmologia aristotelica verrà trasposta nel misticismo cristiano da Alberto Magno e Tommaso d'Aquino. Dante Alighieri, nel suo viaggio verso il Paradiso narra di un analogo attraversamento delle sfere planetarie e di quella delle stelle fisse, per raggiungere i livelli superiori dei cieli angelici verso l'Empireo.

Il primo nome di un astronomo classico noto è quello di Cleostrato di Tenedo, che secondo Plinio avrebbe descritto le figure zodiacali, peraltro già ben note in Oriente, nel suo poema perduto Astrologia.

Eudosso di Cnido (IV sec. A.C.) fu il primo scienziato che abbia formulato un modello geometrico degli astri e dei loro moti, e descritto sistematicamente 45 costellazioni, che pure affermava discendere da tradizioni molto più antiche. Questa parte del suo lavoro è andata perduta, ma è verosimilmente quella su cui si è basata la descrizione, accurata e famosa, del poema Fenomeni e Pronostici di Arato di Soli (IV-III sec.). Questa ci è fortunatamente pervenuta integra in quanto godette da subito, e continuativamente, di grande notorietà e diffusione. Le medesime figure celesti erano destinate a restare nella tradizione mediterranea e occidentale fino a oggi.

Nel III secolo Apollonio Rodio riferiva che gli Egizi veneravano dodici divinità corrispondenti ad altrettanti settori del cielo e dell'anno, ma non confrontabili coi numi corrispondenti dell'Olimpo greco. Il suo illustre collega Eratostene, terzo bibliotecario di Alessandria, è considerato il fondatore della geografia scientifica e tra gli altri suoi lavori è un catalogo di 675 stelle, perduto, e i Catasterismi in cui dava una descrizione mitologica delle loro figure, pervenutoci solo in parte.

A tutte queste descrizioni si rifà verosimilmente il Globo Farnese (II sec. D.C.), in cui il titano Atlante regge sulle spalle la sfera recante le figure scolpite (pag. 2); è tuttora da considerarsi la più antica mappa del cielo tecnicamente ben strutturata, benchè riproduca le figure e non le stelle.

La mappa in bassorilievo di Dendera (Tentyra) è il solo esempio di una rappresentazione egizia abbastanza completa del cielo, ma si tratta in effetti di una complessa commistione di elementi greco-mesopotamici con figure tradizionali egizie; al di fuori dello zodiaco l'identificazione delle figure e la loro possibile corrispondenza con le stelle visibili rimane estremamente problematica; si tratta comunque di un'opera che risale all'epoca della dominazione romana, e databile alla seconda metà del I sec. A.C.

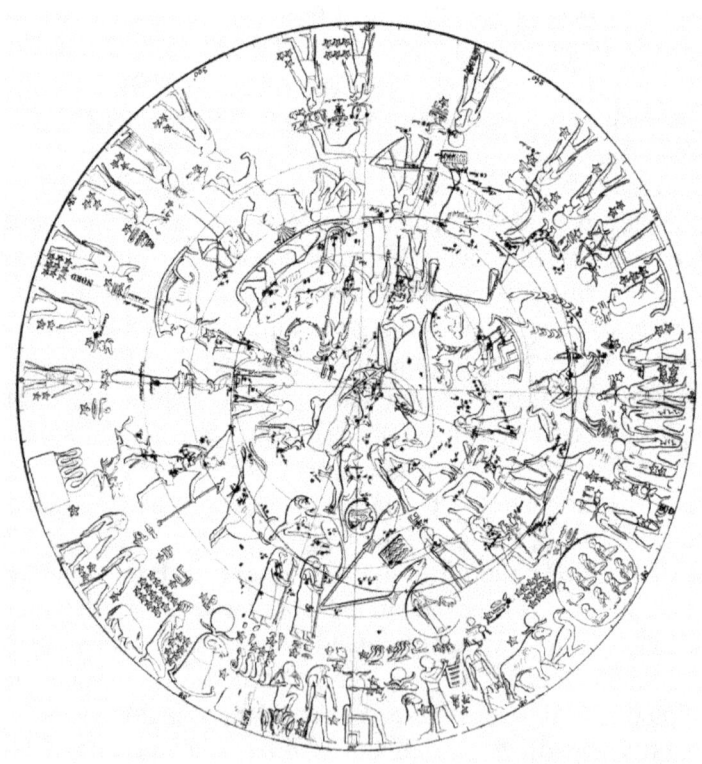

Lo "zodiaco" di Dendera (I sec. A.C.)

Oltre alle dodici divinità dei mesi, gli Egizi veneravano i pianeti, come loro attendenti; inoltre le decadi dell'anno figuravano personificate come numi, i Decani.

Lavoro tecnicamente fondamentale, anche se inserito in un contesto astrologico, è il catalogo stellare di Tolomeo (II sec. D.C.). Questo ereditava il precedente lavoro di catalogazione di Menelao e soprattutto Ipparco di Nicea (II sec. A.C.), a noi non pervenuto. Ipparco, considerato il più grande astronomo dell'antichità classica, aveva rilevato 850 stelle con tale precisione da poter decifrare per la prima volta lo spostamento dovuto alla precessione equinoziale, un fenomeno certamente già osservato da lungo tempo, ma mai formalizzato chiaramente. L'opera di Tolomeo, 1025 stelle in 48 figure, fu tradotta in arabo nel IX sec. come Almagesto (da Megiste Syntaxis), per poi ricomparire in Europa soltanto nel XII, nella traduzione in latino di Gherardo da Cremona.

Una mappa del cielo databile al VII secolo, fu trovata in Cina nelle caverne di Dunhuang, ed è a oggi il più antico manoscritto originale che riproduca alcune costellazioni, peraltro molto diverse e frammentate rispetto a quelle della tradizione mediterranea.

Al sec. VIII ed al califfo Al-Walid I è attribuito il palazzo di Qusayr Amra in Giordania; tra i dipinti che ne ornavano le pareti è ancora riconoscibile, anche se gravemente deteriorata, una volta celeste. È il primo esempio importante della rappresentazione del cielo su una cupola anziché in piano o su una volta cilindrica; successive opere di questa concezione si ritroveranno solo nel Rinascimento italiano.

Fino al X secolo non si videro reali progressi nella rappresentazione del cielo. Con l'abbandono pressochè totale della ricerca scientifica in Europa, l'astronomia venne assiduamente coltivata nel vicino Oriente, dove nacquero astrolabi piani e sferici, esteticamente e tecnicamente pregevoli.

Il nome che spicca maggiormente in Oriente è quello del persiano Abd al-Rahmān Bin Omar Bin Muhammad Bin Sahl Abu'l-Husain Al-Sūfī al Rayi (X sec., più noto come Al-Sūfī), scienziato di corte a Isfahan, Shiraz e Baghdad. Riverificò i dati di Tolomeo, che vennero pubblicati nel Libro delle Stelle Fisse (Kitâb suwar al-kawâkib al-thâbita), per un totale di 1018 stelle; tradotto in latino a metà del XIII secolo, è stato unanimamente considerato una pietra miliare, fu e catalogo di riferimento per otto secoli a seguire.

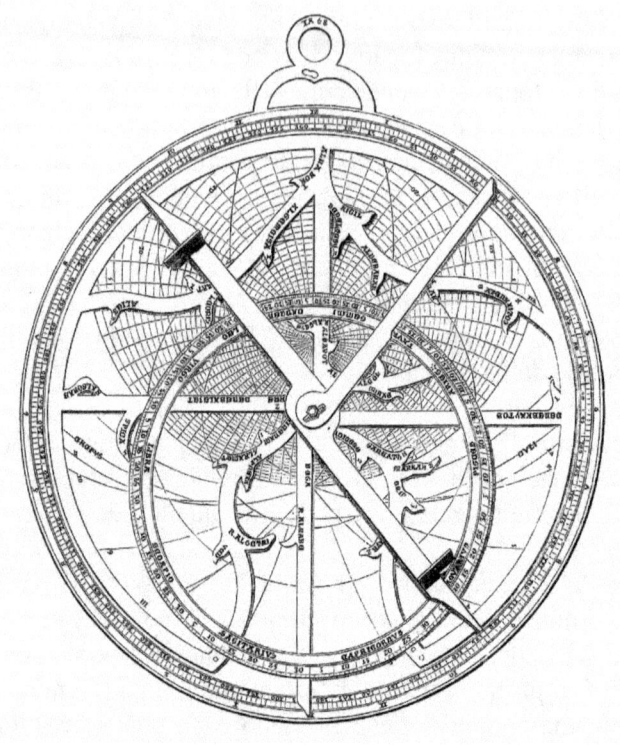

Astrolabio piano classico (XV sec.).

Le "case della sapienza" dei sovrani mussulmani ospitarono sovente astronomi e matematici di elevato profilo, laboratori e strutture osservative dedicate.
Tra le più celebri vanno annoverate l'osservatorio di Maragha e quello di Samarcanda. Il primo (Rasad-e Kaneh, XIII sec.), fu costruito da Hulagu Khan, nipote di Gengis Khan, che aveva conquistato e distrutto Baghdad. Nassir ad-Din, studioso geniale e polivalente, riuscì a sottrarre la biblioteca alla distruzione e ai

saccheggi, quindi a divenire visir di Hulagu Khan, e a proporgli la costruzione dell'osservatorio, del quale fu responsabile; frutto dei suoi studi furono le Tavole il-Khaniche, comprendenti un atlante celeste.

Il secondo fu personalmente voluto dal sovrano timuride Mīrzā Muhammad Tāraghay bin Shāhrukh, noto come Ulugh Bēg. Nipote di Tamerlano e studioso appassionato, edificò il più grande osservatorio mai visto fino ad allora, e rideterminò le posizioni di un migliaio di stelle nel catalogo Zij-Sultani (1437), con una precisione insuperata fino all'epoca di Tycho.

In Cina il cielo venne sistematizzato e popolato di figure in modo sostanzialmente indipendente dalla tradizione mediterranea o mediorientale. Nel XIII secolo si arrivò a rappresentare 283 costellazioni; esse raffiguravano spesso personaggi di corte e oggetti senza riferimenti mitologici di particolare rilievo; erano tanto numerose quanto in genere piccole, di scarso richiamo visuale e significato pratico.

Dal XIII secolo l'Occidente cominciò a riscoprire la scienza classica attraverso traduzioni sistematiche dal greco, arabo e siriaco. Una volta poi diffuse le tecniche di stampa, le rappresentazioni del cielo ripresero un cammino interrotto da secoli.

Opera importante ma di problematica attribuzione è il De Astronomia di Igino, pubblicata a Venezia dallo stampatore Erhard Ratdolt nel 1482 col titolo di Poeticon Astronomicon; è un trattato che comprende tavole xilografate, con figure sostanzialmente basate sulla tradizione greca, e le stelle sovraimposte. Non sembra però potersi attribuire, come talvolta si è ritenuto, al Gaius Iulius Hyginus vissuto in epoca tolemaica, ma piuttosto ad un omonimo rinascimentale. L'opera fu presto presa a modello da altri stampatori di quegli anni, e molti particolari delle figure costituirono un canone.

Allo stesso periodo viene datato il cosiddetto Manoscritto di Vienna, attribuito tentativamente all'austriaco Johannes von Gmunden, che proietta in due emisferi le costellazioni tolemaiche, e introduce un primo contingente di nomi delle stelle in arabo, fino a quell'epoca poco o punto conosciuti.

Dürer, Emisfero Nord (1515)

Lo si considera il prototipo di molti lavori successivi, e in particolare delle due pregevoli tavole di Albrecht Dürer incise su legno, una boreale e una australe (1515), che fu canone di riferimento nelle mappe di molti altri autori.

Privo di figure, ma accurato nel posizionamento degli astri, è il De le Stelle Fisse di Alessandro Piccolomini (Venezia, 1540). Qui per la prima volta le stelle sono designate individualmente da una lettera dell'alfabeto, quello latino, in ordine di grandezza; vennero descritte 47 costellazioni tolemaiche, mancando l'Equuleus.

Corredato di scale graduate e chiare indicazioni delle direzioni, è un'opera di grande rilevanza e piena utilità scientifica.

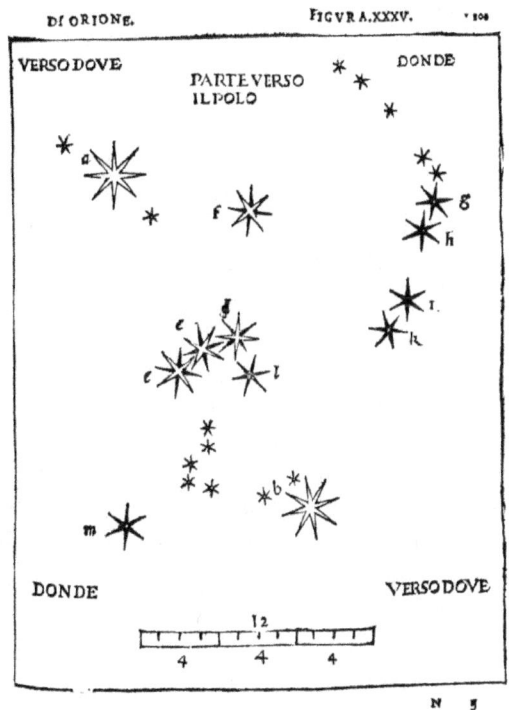

Orione di Piccolomini.

Nel 1551 il celebre cartografo olandese Gerardus Mercator introdusse due figure nuove alla rappresentazione tolemaica: Antinoo e la Chioma di Berenice, storicamente note ma mai prima disegnate. La seconda fu mantenuta definitivamente.

Nel volgere di pochi anni seguirono osservazioni originali e pubblicazioni sempre più precise, ancora basate su rilevamenti visuali, tra le quali vanno senz'altro ricordate il catalogo stellare di Copernico nel De Revolutionibus (1543), sui dati del quale vide la luce l'atlante celeste di Giovanni Galluzzi nel Theatrum Mundi (1597), che incornicia le costellazioni nelle coordinate celesti in latitudine e longitudine.

Negli ultimi anni del '500 e nei primi del '600 videro la luce mappe e cataloghi fondamentali per lo sviluppo dell'astronomia moderna. Il caso volle che si ripetesse in quel perido l'apparizione di stelle "novae"; una nel 1572 in Cassiopea (la supernova "di Tycho") e una in Ofiuco nel 1604 (quella "di Keplero"), che tornarono a richiamare l'attenzione sullo scenario delle stelle, fisse ma evidentemente non immutabili. Non si trattava di eventi mai visti prima: nel 185 A.C. nel Centauro brillò una luminosissima "Stella Ospite", come descritta negli annali cinesi; nel 1006 una nel Lupo, descritta dall'egiziano Ali Ibn Ridwan nel suo Commentario ai Tetrabiblos di Tolomeo; una nel 1054 nel Toro e una nel 1181 in Cassiopea, menzionate in Cina e Corea. Queste ultime erano agevolmente osservabili dall'emisfero boreale, e per mesi furono gli astri più brillanti dopo la Luna; ma in Occidente non produssero nulla più che annotazioni di scarsissima diffusione nelle cronache di qualche monastero. Nel '500 i tempi erano più favorevoli alla circolazione delle idee, e due apparizioni così spettacolari nel volgere di una trentina d'anni spinsero gli astronomi europei ad affrontare la loro materia con maggiore libertà intellettuale.

Tycho Brahe condusse osservazioni dalla sua base di Uraniborg sull'isola di Hven, tra la Danimarca e la Svezia, quindi nel castello di Benatky, vicino a Praga. Al suo lavoro, di una precisione senza precedenti, collaborò assiduamente Keplero, che lo pubblicò poi nelle Tavole Rudolfine.

Le spedizioni per mare furono accompagnate sempre da osservazioni dei cieli australi a scopo di orientamento. Alvise Ca' da Mosto, Amerigo Vespucci, Andrea Corsali, Antonio Pigafetta, ne lasciarono delle descrizioni, ma non precisi rilevamenti. Pietr Dirkszoon Keiser e Frederick de Houtman invece, nel corso delle prime spedizioni degli Olandesi nelle Indie Orientali tra il 1595 ed il 1602, si dedicarono a una varietà di osservazioni naturalistiche e antropologiche, e tra queste l'esatta descrizione di stelle australi in parte già note, e in parte a loro sconosciute. Vennero stabilite così 12 nuove costellazioni, riportate su globi celesti dai fiamminghi Petrus Plancius (Pieter Platevoet) e da Jocodus Hondius (Joost de Hondt).

Orione di Bayer.

Nel 1603 vide la luce la celebre Uranometria di Johann Bayer. Opera fondamentale nella storia dell'astronomia, utilizzava il catalogo di Tycho, e oltre alle 48 figure di discendenza tolemaica includeva le novità delle esplorazioni australi, per un totale esteso a circa 1700 stelle. A Bayer si deve la designazione delle stelle con lettere greche, tuttora in uso; il criterio sequenziale non è però univoco, seguendo talvolta un ordine di luminosità e talaltra un ordine di posizione.

Nel 1627 Julius Schiller, basandosi sull'Uranometria, disegnò una mappa celeste completamente rivisitata che intendeva estromettere le figure della tradizione pagana per introdurre quelle cristiane: il Coelum Stellatum Christianum. La proposta non era nuova, e riprendeva l'idea di Clemente di Alessandria (Excerpta Theodata, II-III sec.), di rimpiazzare i soggetti zodiacali coi dodici Apostoli. La riforma non ebbe successo, né diffusione di rilievo; se ne trova ancora rappresentazione nella Harmonia Macrocosmica di Andreas Cellarius (1660).

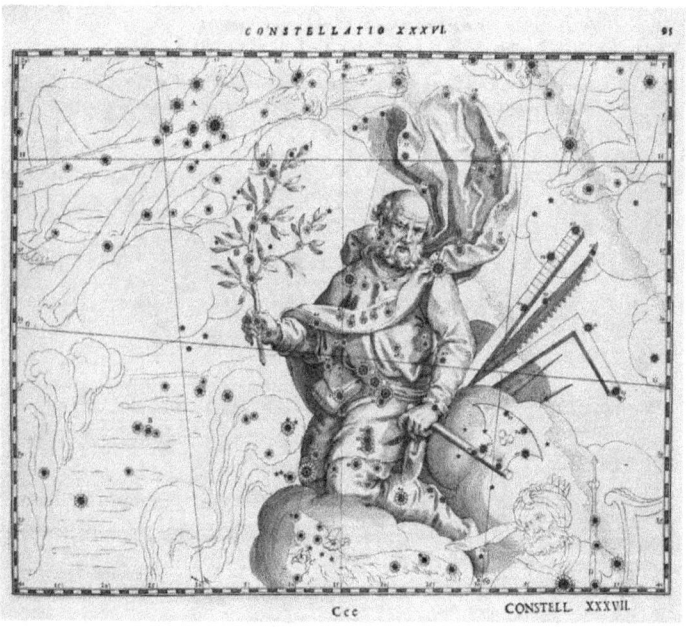

San Giuseppe di Schiller (Orione), speculare est-ovest.

Johannes Hevelius (1690) compilò il Prodromus Astronomiae, catalogo stellare ancor più preciso di quello di Tycho, e l'atlante stellare Firmamentum Sobiescianum. A sua volta introdusse undici nuove costellazioni, di cui sette tuttora riconosciute. Per le regioni australi inaccessibili dall'Europa, si avvalse del Catalogus

Stellarum Australium, pubblicato da Edmund Halley sulla base delle proprie osservazioni dall'Isola di Sant'Elena. Nicholas Louis de LaCaille osservò il cielo dall'estremo Sud dell'Africa, il Monte Tavola al Capo di Buona Speranza (vedi Mensa). Il risultato fu il Coelum Australe Stelliferum, pubblicato postumo nel 1763, nel quale comparvero 14 nuove figure. Col suo monumentale lavoro aveva rilevato, in un tempo relativamente molto breve, quasi diecimila stelle e 42 oggetti diffusi.

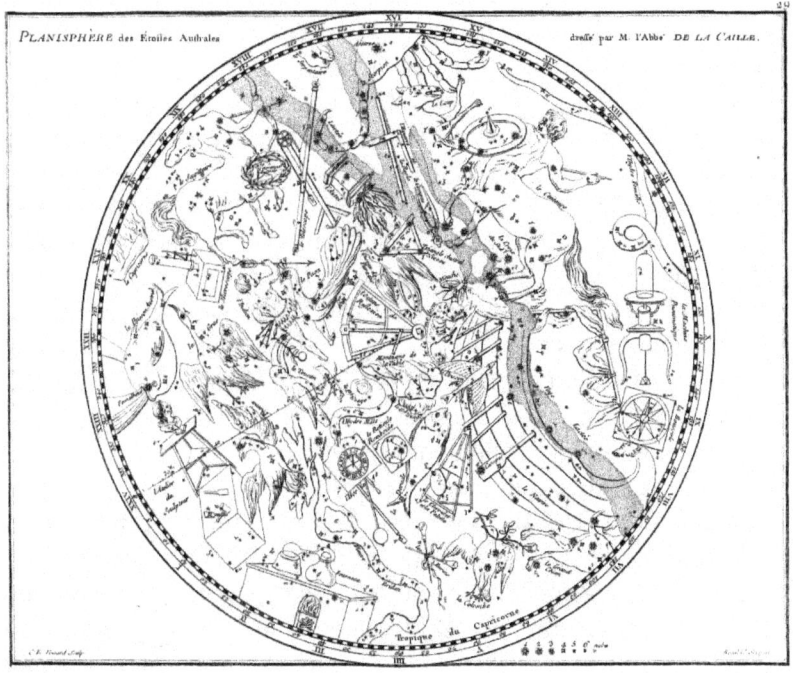

LaCaille, Coelum Australe Stelliferum (1763).

Con il '700 i rilevamenti si avvalsero di strumentazioni ottiche che consentivano una precisione precedentemente impossibile, e furono patrocinati sempre più spesso da accademie scientifiche piuttosto che da singoli soggetti. A tale riguardo, va sottolineato il valore pratico delle osservazioni astronomiche ai fini di una esplorazione geografica sempre più aggressiva anche in termini economici e strategici, e quindi rilevante per le potenze coloniali.

Dopo il lavoro di LaCaille il rimaneggiamento delle costellazioni, o l'introduzione di nuove figure, fu molto sporadico. Uno degli esempi tipici è il Quadrante Murale di Jerome Lalande (1795), costellazione ai confini tra Boote e il Drago, ancora reperibile nell'atlante di Johann Elert Bode (Uranographia sive Astrorum Descriptio, 1801). Successivamente scomparve dalle mappe, ma le meteore il cui radiante fu identificato nei suoi confini dell'epoca sono tutt'oggi denominate "Quadrantidi".

Lalande fu l'ultimo astronomo di fama che s'ingegnò a introdurre altre piccole figure, che ebbero generalmente vita effimera, comparendo ancora nelle mappe di Bode.

A Giuseppe Piazzi (Palermo, 1814) si deve infine un ultimo contributo culturale di un certo rilievo, con un recupero più completo e documentato della nomenclatura araba delle stelle.

Nelle mappe e nella letteratura scientifica contemporanea sono ancora presenti molte delle designazioni storiche, prima fra tutte quella delle lettere greche di Bayer (in Appendice). Esaurito l'alfabeto, le stelle più deboli sono state numerate per ogni costellazione basandosi sul catalogo di John Flamsteed nella sua Historia Naturalis Britannica (1712-25), in un ordine stabilito da Lalande (famoso il caso della 34 Tauri, che si rivelò poi come il pianeta Urano, ancora non riconosciuto).

Riguardo agli oggetti diffusi, la lettera M premessa a un numero è il catalogo di Charles Messier e P. Francois André Mechain, che redassero un elenco di un centinaio di oggetti alla fine del '700, tuttora molto popolare in quanto alla portata di strumenti amatoriali o visibili a occhio nudo, come M31 (galassia di Andromeda) o M42 (nebulosa di Orione). Messier era un celebre cacciatore di comete, e il suo catalogo mirava soprattutto ad evitare possibili confusioni tra queste, e piccole nebulose o ammassi irrisolti, che potessero venire confusi con chiome cometarie.

NGC seguito da un numero è l'elenco new General Catalogue di 7840 oggetti diffusi a cura di John Louis Emile Dreyer, basato largamente sui rilevamenti di William, Caroline e John Herschel; ad esso è seguito il supplemento IC di altri 5386 oggetti (Index Catalogue, 1908).

Gli stessi oggetti diffusi possono quindi essere identificati con designazioni diverse: M31 (And) è NGC224, M42 (Ori) è NGC1976 ecc.

Riguardo alle stelle, le sigle più ricorrenti nella letteratura contemporanea sono le seguenti:

GC seguita da un numero, è del General Catalogue di Benjamin Boss, di 33342 oggetti (1936);

BD è il catalogo astrometrico Bonner Durchmusterung, monumentale lavoro coordinato dall'osservatorio di Bonn fra il 1859 e il 1903, per un totale di circa 325mila stelle;

HD è l'Henry Draper (1918-1949), inizialmente di Annie Cannon, Pickering e colleghi ad Harvard, di circa 359mila stelle.

SAO è infine quello dello Smithsonian Astrophysical Observatory, pubblicato nel 1966, di circa 259mila stelle.

La mole di dati attualmente disponibile sulle singole stelle ne rende impraticabile una rappresentazione completa a stampa, ed è sempre più invalso l'uso della compilazione in formato elettronico. Il catalogo di precisione attualmente più completo (Gaia) ha già superato il miliardo di oggetti, con procedure di acquisizione ovviamente informatizzate. L'uranografia contemporanea è disciplinata dall'Unione Astronomica Internazionale (Delporte, 1929), che ha cercato di rispettare le descrizioni classiche e le integrazioni qui riassunte. Ulteriori nomi o dediche riferiti a stelle fisse da autori indipendenti, non sono quindi più riconosciuti dalla comunità scientifica; una specifica Commissione UAI si incarica di validare le denominazioni del caso. Per oggetti celesti particolari si possono trovare dediche o denominazioni invalse sia da secoli, come ad es. l'ammasso "Scrigno dei Gioielli" di Herschel, sia di recente, come le "galassie Maffei", e unanimamente riconosciute; per i nuovi pianeti e loro satelliti, o le nuove strutture geografiche identificate su quelli già noti, la Commissione ricorre ancora per quanto possibile ai nomi del patrimonio mitologico di tutte le culture ed epoche note.

Ai singoli scopritori è riconosciuta la facoltà di assegnare il proprio nome alle nuove comete, e proporre un nome per i nuovi asteroidi identificati.

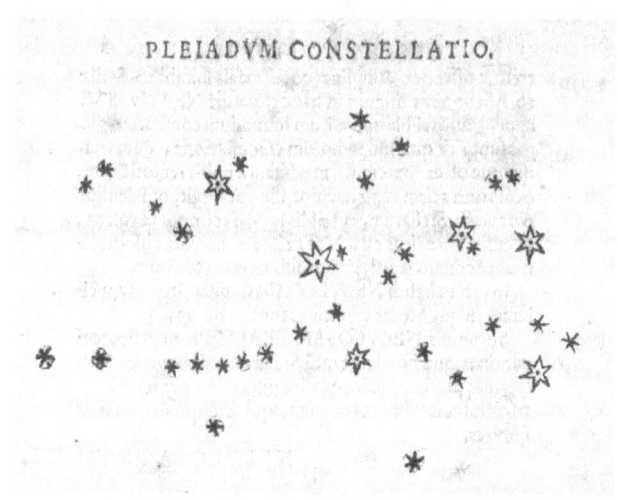

Le Pleiadi nel Sidereus Nuncius di Galileo, con stelle fino a poco oltre la mag. 8 (1610).

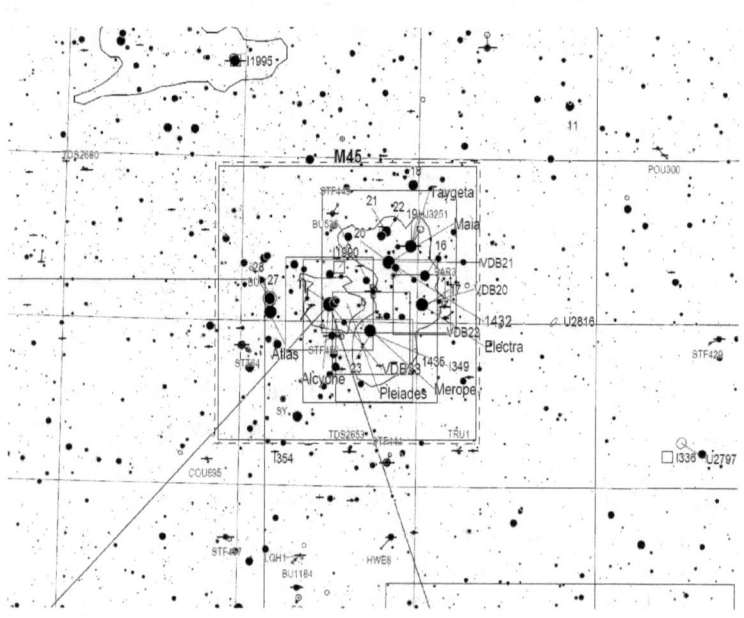

Le Pleiadi nell'atlante elettronico TriAtlas, con stelle fino alla mag.12,5, in 571 tavole (http://www.uv.es/jrtorres/triatlas.html).

Tavole di Ignaces Gaston Pardies (1636-1673).

UMa – *Ursa Maior.*

Appare come una grande orsa di cui la parte più evidente somiglia ad un carro (il Grande Carro, in antitesi al Piccolo Carro dell'Orsa Minore) o un mestolo, come la immaginavano i Cinesi e gli Arabi, una bara o ancora, come la vedeva Germanico Cesare, un aratro. I Romani vedevano il carro come una piccola mandria di sette buoi, essendo le sue sette stelle "septem triones" da cui la parola settentrione, poiché la costellazione è sempre visibile verso Nord. Nella tradizione araba classica e nella sequenza greca le stelle pricipali sono: Dubhe (α, orso), Merak (β, fianco), Phecda (γ, coscia), Megrez (δ, base della coda), Alioth (ε, cavallo nero), Alcor-Mizar (ζ, cavallo baio), Alkaid o Benetnasch (η, Guida). Nella tradizione araba più antica, tutte e sette si chiamavano Banat Nasch, cioè "figlie col feretro": esse conducevano la bara del padre, un eroe ucciso. La seconda stella della coda è una doppia visuale, distinguibile anche ad occhio nudo se si è dotati di buona vista: si tratta di Mizar, dall'arabo al-Maraqq, "fianco" (stessa derivazione di Merak), e di Alcor, da al-Jaun, "il cavallo o il toro nero", derivazione che vale anche per la prima stella della coda Alioth. Al-Sūfī riporta altri nomi per la coppia Mizar - Alcor: rispettivamente al-Anaq ("mediana") e al-Suha ("dimenticata"); detta anche al-Shita o Nu'aish. Era usata come prova di acuità visiva, e citata nel detto comune per significare un malinteso: "io gli ho mostrato al-Suha e lui mi ha indicato la Luna".

Esistono diverse versioni arabe della costellazione: al Dubb al-Akbar (il Grande Orso), al Nasch (il Feretro), e Safina Nuh (la Nave di Noè). Altre stelle minori dell'Orsa erano descritte da Al-Sūfī come uno sparso gruppo di singole gazzelle e chiamate al-Ziba'; alcune corrispondevano al muso ed altre all'estremità meridionale delle zampe, al confine con i Cani da Caccia, Boote, Lince e Leone Minore. Si narrava che all'apparizione del Leone, le gazzelle fossero balzate in fuga lasciando in cielo le impronte dei loro zoccoli (Athar Zulfa al-Ziba').

La α e la β, Dubhe e Merak, sono attualmente note come "indicatrici", perché prolungando la retta che le unisce in direzione di Dubhe, si prende di mira facilmente la stella Polare.

Il mito greco dell'Orsa Maggiore ha due interpretazioni principali, ognuna delle quali presenta diverse versioni. Ovidio ci ha tramandato la più popolare, secondo la quale si tratterebbe di Callisto, figlia di Licaone, Re di Arcadia. Faceva parte della scorta di Artemide (Diana dei Romani) di cui divenne la preferita, al punto da indurla a fare voto di castità, come la dea. Un giorno però Zeus scorse la bellissima fanciulla ed escogitò uno stratagemma per sedurla: prese le sembianze di Artemide, le si sdraiò accanto mentre si stava riposando dopo una battuta di caccia, e prima che la fanciulla si accorgesse dell'inganno, fu da lui posseduta. Zeus si ritirò soddisfatto nell'Olimpo, indifferente alle conseguenze di tale gesto. Callisto per vergogna non osò rivelare l'accaduto ad Artemide, ma quando questa e le altre del gruppo la videro nuda durante un bagno, si accorsero che era stata ingravidata e la dea la trasformò in Orsa; oppure, secondo un'altra versione, la cacciò dalla compagnia e infine venne mutata in Orsa da Era, la gelosa consorte di Zeus. Il figlio di Callisto, Arcas (vedi Boote), nacque e crebbe senza mai sapere della metamorfosi della madre.

Un giorno i due si incontrarono, ma Callisto per esprimere la sua gioia nel rivederlo non potè fare altro che grugnire, e l'ignaro Arcas quindi tentò di ucciderla. Zeus si accorse del pericolo e finalmente intervenne: mandò una tromba d'aria che trascinò i due in cielo e Arcas, riconosciuta l'identità dell'orsa, divenne suo custode. Secondo un'altra versione, Callisto, inseguita dal figlio ignaro, si sarebbe rifugiata nel tempio di Zeus e, siccome l'accesso a questo era vietato a chiunque, pena la morte, li afferrò e li portò in cielo per evitare loro la punizione. Secondo un'altra versione ancora, sarebbe stato proprio Zeus a mutare Callisto in orsa, per farla sfuggire alla moglie gelosa, anche se quest'ultima la riconobbe ugualmente e la fece uccidere da Artemide, convinta che si trattasse di un comune orso selvatico. Zeus addolorato quindi traspose in cielo la sua immagine.

Altra interpretazione ancora viene da Arato: si tratta di Adrastea, che insieme a Ida (l'Orsa Minore) furono le nutrici di Zeus. Di quei tempi è la profezia che Crono, il massimo titano di allora, avrebbe perso il suo trono per mano di suo figlio. Perciò lo stesso Crono ingoiò tutti i suoi figli per paura che la leggenda si avverasse. Rea, decisa a sottrarre suo figlio Zeus, ancora bimbo, dal padre Crono, lo nascose in una grotta (tuttora esistente) del monte Ditte a Creta, affidandolo alle cure di Adrastea, Ida ed Amaltea (vedi Auriga), la capra che lo allattava. Di guardia alla grotta erano i Cureti, pronti a fare rumore con spade e scudi per coprire il pianto del bambino. Zeus crebbe, spodestò il padre e ricompensò le tre che si presero cura di lui immortalandole nel cielo, Ida ed Adrastea sotto le sembianze di orse.

Rappresenta un'incongruenza la dimensione della coda, normalmente più corta per un orso: Thomas Hood inventò che Zeus, nel lanciare l'orsa in cielo la prese per la coda, che per lo strattone si allungò.

Un nome tradizionale greco per la grande Orsa è Elice, per il moto diurno che si avvolge.

Per gli Egizi era una zampa di bovide, talvolta rappresentata in compagnia di Nut. Per gli isolani dello stretto di Torres è un pescecane, che si estende fino a Bootes.

In India le stelle del Carro sono collettivamente i Sette Saggi (Septa Rishi); i nomi di ciascuna iniziando dalla α sono in sequenza: Kratu, Pulaha, Pulastra, Atri, Angirah, Arundhati e Bashishta, Marichi.

Nella mitologia lappone-scandinava è il carro del Signore, mentre l'Orsa Minore è quello della Signora. Gli Eschimesi vedevano un Caribù.

La prima istituzione del Carro si ha verosimilmente in Mesopotamia con la diffusione della ruota; il Grande e Piccolo Carro erano indicati come tali, rispettivamente Mar.Gid.Da e Mar.Gid.Da.An.Na. La prima stella del timone era indicata come guida o pastore: Shurim in sumerico, Qaqqar in accadico.

Nella Cina imperiale (Han) le sette stelle del Mestolo governavano, assieme alle 28 case lunari, le 12 provincie del Paese. Nell'ordine: Kui Shu (Dubhe) era il Perno del Vaso e governava la provincia Yong; Xuan (Merak) il Rotore, governava Ji; Ji (Phecda) lo Strumento di Giada, governava Qing e Yan; Quan (Megrez) il Peso della Bilancia, governava Yang e Xu; Heng (Alioth) il Braccio della Bilancia, governava Jing; Kaiyang (Mizar) l'Iniziatore di Yang, governava Liang; e Yaoguang (Alkaid) lo Splendore Scintillante, governava Yu.

Secondo il grande storico cinese Sima Qian (II sec. A.C.) questo schema, che non fu il solo a correlare stelle con regioni della Cina, fu ereditato da tradizioni che all'epoca erano già antiche.

Nel Carro i Mongoli vedono Sette Buddha ("Doloon Burkhan"), e della coppia Alcor-Mizar, la prima è posta a protezione della seconda dal dio Tengher. Seguendo le stelle nell'ordine consueto

(Dubhe – Alkaid), essi assegnavano progressivamente a ciascuna la denominazione corrispondente alla sequenza del calendario cinese nella sua serie degli anni: quindi con la α sono di turno Topo, Pecora e Capra; con la β Bufalo e Scimmia, poi γ Tigre e Gallo, δ Coniglio e Cane, ε Dragone e Maiale, ζ Serpente (con la compagna a protezione) e infine η il Cavallo.

Schiller ne fece la Barca di San Pietro, ignorando il preesistente riferimento arabo a quella di Noè.

UMi – *Ursa Minor.*

Per gli Egizi era il cane selvatico, o sciacallo, del dio Seth.

Era usata dai Sidoni (in generale i Fenici) che da esperti navigatori si orientavano con la sua coda, la quale indicava approssimativamente il Nord. Nome tradizionale greco-fenicio per la piccola Orsa è Cinosura.

Per gli Arabi è al Dubb al Asgar (il piccolo orso), ma Al-Sūfī riporta che vi fosse anche descritta una specie di pesce, col nome di Fa's al-Raha. Quella che successivamente ha assunto la posizione e il nome di Polare era al-Juday (capretta) o Alruccabah; la penultima della coda Yildun. La β e la γ, al retro del piccolo carro, sono Kochab (da Kaukab al-Shamali, l'Astro del Nord) e Pherkad; quest'ultima è il singolare di al-Farqadain, termine che le designava entrambe come due vitelli. Traguardandole, si poteva ricercare il polo celeste Nord in epoca tolemaica, e forse per questo alla coppia è anche riferito l'appellativo di "sentinelle del Polo". Nella tradizione antica, l'intera figura era anche nota come Asse del Polo: al-Fa's al-Qutb. Il tedesco Pietro Apiano (XVI sec.) le denominò arbitrariamente come sette Esperidi: Espera, Egle, Eriteide, Aretusa, Estia, Esperusa ed Esperia, benchè solo le prime tre corrispondano effettivamente a Esperidi accreditate dal mito.

All'Orsa Minore sembra riferito l'appellativo Maya di Yah Balcui Xaman, "che ruotano al Nord".

Secondo Schiller è San Michele. Alla figura è associata la ventunesima carta dei tarocchi, l'Universo.

CVn – *Canes Venatici.*

Sono Chara ed Asterion, i cani da caccia al seguito di Bootes. Una coppia di cani era rappresentata al seguito di Boote già nel medioevo, e la loro istituzione separata fu un adattamento del polacco Johannes Hevelius, pubblicata nel suo Firmamentum Sobiescianum nel 1690. La α, Cor Caroli, è uno dei rari casi di attribuzione in onore di un personaggio moderno: il cuore di re Carlo d'Inghilterra. La dedica fu suggerita da Charles Scarborough e proposta da Edmund Halley, ma non è ancora chiaro se fosse riferita al destituito Carlo I, o al figlio reinsediatosi Carlo II.

Dra – *Draco.*

I greci tramandano due miti principali; in una è il drago Ladone, guardiano dell'albero dalle mele d'oro nel giardino delle Esperidi, sconfitto da Ercole. Nell'altra, uno dei mostri che parteggiarono coi Titani nella battaglia cosmica con gli dei olimpici: Atena lo fronteggiò, lo prese per la coda, e lo scagliò in cielo, dove rimase attorcigliato, sempre ruotando nella regione del Polo celeste.
Nella tradizione araba antica, le sue stelle sparse non costituivano un disegno unico e rappresentavano una varietà di soggetti eterogenei: sono menzionati una croce, una coppa, una coppia di lupi, di gazzelle, di pesci, e una famigliola di cammelli di razza. Come drago era chiamato al-Tinnin, nome anche di una delle sue stelle. α Draconis (l'araba Thuban) segnava il Polo celeste Nord all'inizio del III millennio A.C.. Era chiamato Mu-Sir Kesh.da dai Sumeri, "giogo stabile del Cielo" per la sua posizione polare, sacro al dio Anu. Altri appellativi sumerici per Thuban furono Tir-an-na, Luce del Paradiso, Dayam-Samu o Dayan-Sidi, Giudice o Corona del Cielo o del Paradiso.
Nel cielo di Schiller, le sparse stelle del drago rappresentano i Santi Innocenti, le piccole vittime di Erode.

Cas – *Cassiopeia*.

Regina consorte di Cefeo e madre di Andromeda, è causa dell'ira di Poseidone avendone offeso le ninfe. Finirà per sacrificare la figlia al Mostro marino Cetus, che verrà messo fuori combattimento dall'eroe Perseo.

Gli Arabi vi disegnarono tradizionalmente un dromedario (al-Nāqa), il cui muso arrivava ad Andromeda e le zampe in Perseo; successivamente fu Dat al-Kursiy, "Femmina sul Seggio".

In Cina se ne hanno almeno due rappresentazioni: nella più nota era una passerella chiusa da una tettoia, o una scala, disposta come transito sul fiume celeste Tien Ho (vedi Via Lattea); una alternativa narra di un auriga, Wangliang (la β), che dà il nome alla figura, essendo le altre quattro stelle principali i suoi cavalli.

In Mongolia sono cinque Stelle Femmine (Hun Tavan Od).

In India è Casyapi, una figura femminile seduta chiaramente ispirata al canone greco, con in mano un fiore di loto.

Schiller la trasfigurò in Maria Maddalena.

Cep – *Cepheus*.

Cefeo era il Re dell'antica Etiopia, territorio ben più ampio della regione di oggi: all'epoca si estendeva dalla riva sud-orientale del Mediterraneo sino al Mar Rosso e comprendeva parte degli attuali Egitto, Giordania ed Israele. Essendo figlio di Zeus e della ninfa Io, riuscì a conquistarsi un posto nel firmamento, pur mancando di ogni qualità e responsabilità regale.

Prima si rassegnò a sacrificare la figlia Andromeda al mostro marino mandato da Poseidone; poi, quando Perseo eliminò il mostro e reclamò in sposa Andromeda, non riuscì ad opporsi alle pretese del fratello (Agenore o Finco), a cui precedentemente aveva promesso la mano della figlia. Questi irruppe insieme ai suoi seguaci durante la festa nuziale e scatenò un furioso tafferuglio. Perseo con la testa di Medusa pietrificò i sovrani e l'intera orda di avversari. Pluchè ritiene che la radice Cepha discenda dal fenicio, col significato di "pietra".

Al-Tizini'l-Muwaqqit (XVI sec.) assegna a Cefeo l'appellativo di al-Multahib ("l'Infuocato"), nome comune a tutte le stelle che ne fanno parte.
In Cina la α (l'araba Alderamin) e alcune stelle più settentrionali costituivano un gruppetto noto come "Uncino Celeste" (Tienguan) o "Stelle Uncino" (Guanxing).
Nel cielo di Schiller raffigura Santo Stefano.

Per – *Perseus*.

Figlio di Zeus e Danae, fu confinato in un'isola insieme alla madre perchè un oracolo aveva predetto al nonno che il giovane lo avrebbe spodestato. In esilio, il re del luogo insidiava Danae, così per liberarsi di Perseo lo inviò alla caccia di una Gorgone, tremende creature che con lo sguardo pietrificavano chiunque la guardasse. Si trattava di tre sorelle: Stimo, Euriale e Medusa, le prime due immortali e la terza unica che potesse essere uccisa. L'eroe, grazie all'aiuto di Atena ed Ermes, dopo numerose avventure e con molteplici stratagemmi riuscì nell'impresa, liberando dalla Gorgone il cavallo alato Pegaso, che lo seguirà poi nelle successive vicende. Durante il volo di ritorno, iniziò a fare uso della testa di Medusa mostrandola al titano Atlante, che era stato inospitale, pietrificandolo nei monti omonimi. Dopo una sosta in Egitto, proseguì sorvolando la costa della Filistia e qui avvistò Andromeda incatenata nuda a uno scoglio. Si fece promettere da Cefeo e Cassiopea la mano della donna, se fosse riuscito ad eliminare il mostro marino (Cetus), cosa che fece decapitandolo con la spada. In quel caso la testa di Medusa rimase a terra, appoggiata su alghe che furono trasformate in coralli; verrà poi usata di nuovo per affrontare un pretendente di Andromeda che tentò di opporsi al suo matrimonio (vedi Cefeo).
Tra i suoi discendenti vi sono Perse, mitico padre della Persia, e secondo alcuni Ercole, che ne ripeterà le gesta salvando Esione.
La costellazione rappresenta Perseo che tiene in mano la testa della Medusa, di cui un occhio è Algol (β Per), occhio di un demone per gli Arabi. Ras al-Ghoul è il Capo del Demonio o del

Gigante, una stella variabile ad eclissi le cui flessioni di luminosità, regolari ma allora del tutto misteriose, erano note agli Arabi.

Vitruvio la chiamava Gorgoneum Caput e Igino Caput Gorgonis; nella tradizione ebraica è "Rosh ha Satan" (testa di Satana), oppure la sinistra, leggendaria Lilith.

In Corea la parte orientale, che include la α (Mirfak), è la Nave del cielo, figura ereditata dalla Cina; quella occidentale (Algol) è un mausoleo, laddove in Cina si vedevano invece dei cadaveri.

Gli arabi classificarono il doppio ammasso H e χ Persei come al Lathka al-Sahabiya (nebulosità diffuse).

La costellazione per i babilonesi è Shu.gi, il vecchio dio En-Me-Shar.ra, comprendendo una parte dell'Auriga; Algol è Gish-Bar, la "verga luminosa".

Secondo Schiller, Perseo è San Paolo.

Cam - *Camelopardalis*.

Figura abbastanza estesa ma non luminosa, ideata da Petrus Plancius (Gyraffa Camelopardalis); secondo Jacob Bartsch sarebbe una giraffa con la quale Rebecca giunse a Canaan per sposare Isacco, ma è possibile che il nome lo abbia fuorviato, pensando piuttosto a un dromedario.

Nella Cina di epoca imperiale ospitava il Polo celeste Nord e la stella Struve 1694 è la miglior candidata a identificare il Perno Celeste (Tianshu), o Stella Perno (Niu Xing). Altre quattro deboli stelle nelle prossimità erano Sifu, quattro consiglieri imperiali.

Lac – *Lacerta*.

Ideata da Hevelius come Lacerta sive Stellio (lucertola ovvero geco), e priva di riferimenti mitologici.

I Cinesi in queste stelle vedevano un serpente celeste (Tengshe), includendovi alcune vicine stelle di Andromeda e forse di Cassiopea, Cefeo e Cigno.

*Andromeda è spesso associata ad un pesce, il cui significato è incerto,
e tentativamente interpretato come possibile riferimento alla
costellazione dei Pesci zodiacali.*

Perseo e la Gorgone Medusa (Urania's Mirror, 1825)

Costellazioni autunnali

And – *Andromeda*.

La costellazione raffigura una donna incatenata: la figlia e del Re Cefeo e della Regina Cassiopea. Quest'ultima osò vantarsi più bella delle ninfe marine Nereidi che, offese, chiesero vendetta a Nettuno. Il signore del mare mandò un mostro marino (Cetus) a razziare le coste del regno; i due inetti sovrani, consultato un oracolo, stabilirono di sacrificare la propria figlia Andromeda al mostro per placarlo. La fanciulla venne quindi incatenata ad uno scoglio presso Joppe (l'attuale Jaffa) in attesa del suo destino. Perseo, l'eroe che decapitò Medusa, appena di ritorno dalla sua impresa, era di passaggio e rimase incantato dalla bellezza indifesa della fanciulla, incatenata nuda e con gioielli per il sacrificio rituale. Perseo si avvicinò ad Andromeda, che a differenza della madre era molto timida e non osò rivolgergli lo sguardo nemmeno in un momento così critico, ma alla fine si decise a raccontargli la sua storia. Il mostro intanto emerse dalle acque ed era pronto ad azzannarla: l'eroe senza indugio chiese ed ottenne la mano di Andromeda al re, quindi lo affrontò uccidendolo con la spada. Tornato con la ragazza a palazzo, trovò il pretendente Fineo, che lo aveva preceduto, con la sua scorta. Ne seguì un tefferuglio che terminò con la pietrificazione dei rivali, che si vedrebbero tuttora in forma di scogli sulla riva del mare. I due quindi si sposarono ed ebbero sei figli, tra cui Perses, il progenitore dei Persiani.

In cielo Andromeda si trova nelle vicinanze delle costellazioni che raffigurano i personaggi della sua storia: Cefeo, Cassiopea, Perseo, Pegaso e la Balena (Cetus); queste rappresentano nel firmamento il solo caso il di un nutrito gruppo di figure, che siano tutte riconducibili ad un mito unitario.

α Andromedae è Sirrah o Alpheraz, (in arabo Surrat, "Ombelico") e al-Faras, ("Cavallo"), uno dei rari casi di stella condivisa con un'altra figura, Pegaso, del quale rappresentava l'ombelico. Della stessa magnitudine è la β, Mirach, dall'arabo al-mi'zar, "guaina" o "fianco". Per gli Arabi Andromeda era al-Mara' al-Musalsala, "Donna in Catene"; Al-Sūfī descrisse l'esteso chiarore visuale della galassia M31 come al-Lathka al-Sahabiya, una nebulosità diffusa.

In Mesopotamia vi era figurato un cervo, messaggero degli dei, con diverse sue parti tra le quali una stella "oscura" Tir.An.Na.

In India si rappresenta una figura femminile incatenata a una roccia, col nome sanscrito di Antamarda, chiaramente in relazione a quello greco.

In Cina nella parte occidentale di Andromeda e fino alla Lucertola si raffigurava un Serpente Volante. Nei confini dell'attuale

Andromeda si collocava una delle 28 case lunari, le Gambe (Kui, 奎), alla quale era associato il Lupo.
Nella revisione di Schiller, Andromeda doveva essere il Santo Sepolcro.

Peg – *Pegasus*.

Cavallo alato figlio di Poseidone, nato dal sangue dalla Medusa, che fu donato a Bellerofonte di Corinto per sconfiggere la Chimera. Questi tentò di raggiungere il monte Olimpo, cosa che gli venne impedita da Zeus che lo fece cadere dal cavallo. L'animale riuscì comunque nell'impresa, divenendo uno dei preferiti da Zeus. Gli sono associate due sorgenti d'acqua considerata sacra: atterrato sulle alture di Corinto, con un colpo di zoccolo fece scaturire la fonte Peirene, cara agli abitanti della città; analoga vicenda gli attribuisce l'apertura della fonte Ippocrene sul monte Elicona. Va rilevato che la sua figura, benchè rovesciata sulle mappe classiche, confina con quella dell'Acquario che potrebbe essere stato in origine un ruscello. Pegaso è soprattutto noto come la cavalcatura dell'eroe Perseo (vedi sotto).
Il parallelogramma, sgombro di stelle notevoli al suo interno, rappresentava in Mesopotamia l'Iku, limitare quadrilatero degli appezzamenti di terra, qui campo celeste e seggio di Ea. Era congruente alla presenza, poco distante, del bracciante e dell'aratro (vedi Ariete), ma è possibile che la somiglianza fonetica col miceneo "Iqo" (cavallo) abbia fatto sì che i Greci lo intendessero come un cavallo (latino equus).
Nella Cina del primo millennio A.C. il quadrato era descritto come sala del Palazzo celeste (Ding). I suoi lati Yingshi e Dongbi erano rispettivamente le pareti orientale (Scheat – Markab) e occidentale (Algenib - Alpheratz), e per effetto della precessione, ai tempi indicavano in modo abbastanza preciso il polo nord celeste. In particolare traguardando quello orientale (Dongbi), in verticale, si usava identificare il meridiano locale a settentrione, per allineare sui punti cardinali l'architettura imperiale. Insieme ad alcune stelle dell'Acquario, Pegaso condivideva la stazione lunare del Tetto (vedi Aqr) e ospitava quelle della Sala e del

Muro, (Shi, 室, e Bi, 壁), associate al Maiale e al Porcospino, nonché la stazione di Giove Juzi.
In India le due medesime coppie Scheat – Markab e Algenib - Alpheratz corrispondono a due stazioni lunari: quella occidentale Purva Bhadrapada, quella orientale Uttara Bhadrapada. La prima ("primo dei piedi benedetti") ha come patrono Guru (Giove), come divinità Ajikapada (arcaico drago di fuoco), come simboli spade, le maniglie anteriori del feretro, o uomo bifronte. La seconda ("secondo dei piedi benedetti"), ha come patrono Shani (Saturno), come divinità il serpente o drago Ahir Budhyana, come simboli due gemelli, le maniglie posteriori del feretro, o un serpente d'acqua.
Secondo Schiller, Pegaso era San Gabriele.

Tri – *Triangulum*.

Per gli egiziani era il delta del Nilo od anche l'occhio di Horus, figlio di Osiride ed Iside, strappatogli da Seth. Omero, Eratostene e Callimaco la identificano con Trinacria, l'isola dai tre capi: la Sicilia. Come Triangolo, in arabo è al-Muthallath, e Tolomeo la chiama Delta.
In Mesopotamia è un aratro e include γ Andromedae: (Mul) Gish Apin in sumerico, Epinnu in accadico; si trova non a caso in prossimità del Bracciante e del Campo (Ariete e Pegaso), e ad essa si riferisce l'omonima compilazione stellare MulApin, una delle principali testimonianze astronomiche del I° millennio A.C.
Per Schiller, il Triangolo era la Mitra di San Pietro.

Equ – *Equuleus*.

Costellazione antica ma di origine incerta; non è menzionata da Arato ma compare da Tolomeo (II sec. d.C.) in poi, ed è Kita al-Faras in Al-Sūfī. A queste stelle, insieme a parte di Pegaso, potrebbe corrispondere un cavallo od asino in Mesopotamia

(Anshu Kur.ra in sumerico, Sishu in accadico), che veniva anche menzionato come "Uccello di Tempesta".

Ari – *Aries (Κριόν)*.

Prima costellazione zodiacale, corrispondeva originariamente al punto vernale, cioè al punto in cui l'eclittica, percorso apparente del Sole sulla volta celeste, intersecava l'equatore ed il momento d'inizio della primavera: per questo l'Ariete è sempre stato simbolo della rinascita e in molti calendari, come quello romano di epoca regia, segnava l'inizio dell'anno agricolo.

Oggetto di leggende millenarie, l'Ariete fonda il suo mito sostanzialmente su quello greco. Un magico ariete volante e dal vello d'oro, chiamato Crisomallo, salvò Frisso ed Elle, figli di Nefele, da una cospirazione della loro matrigna che li voleva offerti in sacrificio per scongiurare una carestia appositamente da lei provocata. Elle cadde, morendo, durante il viaggio in groppa all'ariete, sul fiume che in suo onore venne chiamato Ellesponto. Frisso, invece, portato in salvo nella Colchide, sacrificò l'ariete a Zeus, ne inchiodò il vello d'oro ad una quercia e la sua immagine (spoglia del vello, per questo non molto brillante) venne posta nel cielo da Nefele, dea delle nubi, in memoria del salvatore dei suoi figli. Per questo l'appellativo di Ovidio è "Phrixia Ovis". Frisso, deciso ad ottenere la mano della figlia del terribile Re Aeta, offrì il vello al padre di lei, che lo lasciò sulla quercia custodito da un grosso serpente insonne.

In seguito Frisso morì e suo cugino Pelia divenne ingiustamente il sovrano di Iolco in Tessaglia, titolo che spettava in realtà a Giasone. Pelia un giorno sfidò Giasone a portargli il vello d'oro dell'Ariete, in cambio del suo trono: fu così che Giasone e gli Argonauti intrapresero il celebrato viaggio alla conquista del vello a bordo della nave costruita da Argo di Tespi, dal quale prese il nome (vedi costellazione omonima). Gli Argonauti si presentarono innanzi al Re Aeta, che rifiutò la loro richiesta. Intanto Medea, la figlia di Aeta, si innamorò di Giasone, ed escogitò per lui un piano per rubare il vello: fece addormentare con l'inganno il serpente insonne, di modo che Giasone potè agevolmente staccare il vello dalla quercia e fuggire con lei, inseguiti dalle guardie del Re.

Manilio nel suo Astronomica, di età augustea, riconosce dovutamente l'Ariete al primo posto nello zodiaco, e lo associa a Pallade (Minerva).

In Mesopotamia il calendario era impostato sia in decadi come in Egitto, sia nelle dodici divisioni zodiacali che si ritrovano successivamente nel cielo greco classico. Le figure sono sostanzialmente corrispondenti ad eccezione dell'Ariete, che per i Sumeri era un bracciante, Lu.Hun.ga., vicino al quale era il suo aratro, la costellazione del Triangolo. Era tradizionalmente associato alla città di Uruk, e in particolare il quartiere Kullaba. Era la città di Gilgamesh, originariamente consacrata ad Anu (dio del Cielo), con l'aggiunta successiva di Inanna – Ishtar (Venere). Poichè in accadico era detto Agri, è possibile che da tale pronuncia i Greci lo abbiano inteso come Krios, Ariete, rappresentandolo come tale.

In Cina rappresentò in un primo momento un cane, quindi una pecora e il bestiame sacrificale. Qui l'Ariete era in parte connesso ad Andromeda e in parte al Toro; ospitava o condivideva con queste le case lunari del Legame e dello Stomaco (Lou, 婁, e Wei, 胃), associate al Cane e al Contadino, e le stazioni di Giove Jianglou e Daliang.

In Corea la figura era una Torre di guardia.

Per gli arabi è al-Hamal (Burjiu-'l-Hamal, بْرْجْ ٱلْحَمَ), nome assegnato anche alla β; il nome della α è Sheratan, da "il Segno", in quanto associata al punto equinoziale tolemaico. Vi si trovano le prime due stazioni lunari arabe, al-Nath ("Corno", ٱلنَّطح \ ٱلشَّرَطَيْن) e al-Butayn ("Piccolo Ventre", ٱلْبُطَيْن).

Nel cielo tradizionale indù è Mesha ed ospita due stazioni lunari, che si estendono fino a parte del Toro. Nell'ordine, Ashvayuja: questa ha come patrono Ketu, il nodo lunare discendente; come divinità associata i gemelli Ashvini dalla testa di cavallo, come simbolo la testa stessa di un cavallo.

Di seguito Apabharani (il Portatore), con patrono Shukra (Venere), con Yama come divinità della morte, e la Yoni (genitali femminili) come simbolo.

Nell'Avesta iranico le costellazioni zodiacali ricalcano le dodici figure tradizionali greche, e sono le prime creazioni celesti di Ohrmazd. A questa corrisponde Varak (l'agnello). Nella revisione cristiana di Schiller, l'Ariete era San Pietro. All'Ariete sono associate la quinta oppure la quarta carta dei tarocchi, il Papa o l'Imperatore.

Psc – *Pisces (Ιχθύας)*.

La costellazione mostra due pesci rivolti in opposte direzioni legati per le code da una cordicella. Il significato di questo legame è ancora incerto; Greci la riproducono ma non ne danno alcuna spiegazione: probabilmente la costellazione era stata importata dai Babilonesi con questa corda e i Greci la ereditarono perdendone poi il senso. Thomas Hood nel '500 chiamò la cordicella Linum Piscium, e in alcune mappe sono indicate le due metà come Linum Australe e Linum Boreale.

La figura araba è al-Hut (أَلْحُوْت), e ospita le stazioni lunari al-Mu'khar (أَلْمُؤْخَر) e al-Rasha ("corda", أَلرِّشَاء), o Butnu 'l-Hut (بَطْنُ أَلْحُوت).

A testimonianza dell'origine babilonese, i Greci ambientarono il mito intorno al fiume Eufrate, nel periodo immediatamente successivo alla disfatta dei Titani contro gli dèi. Gea, la madre Terra, accoppiandosi con Tartaro, la parte più bassa degli inferi dove Zeus imprigionò i Titani, diede vita al mostro Tifone. Reminiscente del suo omologo sumerico Tiamat, era orribile e gigantesco, fiammeggiante e con molteplici teste di drago. Esiodo narra del suo verso bizzarro, che a volte era un muggito, a volte un ruggito, a volte un sibilo di serpente e talvolta anche un guaito di cucciolo.

Gea mandò il mostro contro gli dèi: Pan (il Capricorno) lo avvistò per primo, e suggerì loro di mimetizzarsi in animali. Afrodite (Venere romana) e suo figlio Eros (Cupido), si rifugiarono in un canneto sulla sponda del fiume Eufrate: il Tifone spaventò la madre che invocò aiuto alle ninfe e saltò in acqua con il figlio in braccio. Una coppia di pesci avrebbe dato soccorso ai due riportandoli a riva sul proprio dorso; secondo altri invece i due sarebbero stati mutati in pesci, per questo forse i Siriani non mangiavano pesce. Secondo Igino, invece, un uovo cadde nell'Eufrate e due pesci lo trascinarono a riva. Alcune colombe lo covarono e da esso nacque Afrodite, che ricompensò i due pesci immortalandoli nel cielo. Secondo Eratostene i due pesci sarebbero figli del Pesce Australe.

Manilio associa ai Pesci Nettuno.

Nell'Avesta sono Mahik, il pesce.

Il nome sumerico della figura è Shim-Mah, in accadico Shinunutum ed indicano un rondine, che include parte di Pegaso, ma la porzione di N-E è Anunitum, dea rappresentante Venere, e l'insieme delle stelle è indicato come "le code" (accadico Zibbati). Come luogo zodiacale, rappresenta in cielo le regioni terrene di Akkad e il Tigri.

In India la costellazione è Meena ed ospita la stazione lunare Revati ("Prospero"); a questa sono associati come patrono Budha (Mercurio), la divinità protettrice Pushan, i simboli di uno o due pesci, o un tamburo.

A questa costellazione, per effetto della precessione equinoziale, corrisponde attualmente il punto γ, e quindi il segno d'Ariete.

Secondo Schiller, rappresentava San Mattia.

Ai Pesci sono associate la diciassettesima o la diciottesima carta dei tarocchi, le Stelle oppure la Luna.

Aqr – *Aquarius (Ὑδροχοον)*.

L'Acquario è un giovanetto che versa il nettare divino da un vaso, da cui attinge il Pesce Australe.

Il nome arabo per esteso "costellazione dell'Acquario" è Burju 'd-Dalū (بُرْجُ الدَّلُو); le stelle più luminose, insieme ad alcune del Capricorno e di Pegaso, portano tutte nomi di buon auspicio: α era sa'd al-malik (oggi Sadalmelik) , "le stelle fortunate del re"; β aquarii era sa'd al-Su'ud (oggi Sadalsuud), "la più fortunata delle fortunate"; γ aquarii era sa'd l-Akhbiya (Sadachbia), "fortunate delle tende". La figura ospita due stazioni lunari arabe: la citata sa'd l-Akhbiya (سَعْدُ ٱلْأَخْبِيَه) e al-Muqdim (ٱلْمُقْدِم). La figura era designata in arabo anche come Sakib al-Ma', o al-Dalw.

Nella mitologia greco-romana, la versione più nota era quella che identificava l'Acquario con il giovane Ganimede, figlio del Re Tros da cui prese nome la città di Troia. Zeus si invaghì di lui e, mutatosi in aquila (la costellazione omonima), lo rapì portandoselo nell'Olimpo: lassù il giovane fu il mescitore degli dei, l'incaricato che versava il nettare divino nella coppa dei numi. Secondo un'altra versione sarebbe stata Eos, la dea dell'Aurora, a rapirlo, ma Zeus poi glielo sottrasse.

Secondo Germanico Cesare si trattava invece di Deucalione, il figlio di Prometeo che ripopolò la Terra con la moglie Pirra dopo il diluvio universale: egli viene rappresentato nell'atto di versare l'acqua dalla quale scampò. Igino invece parla di Cecrops, uno dei primi re di Atene, che nel cielo offre in sacrificio agli dei l'acqua, unica bevanda del suo regno quando ancora non si conosceva il vino.

Manilio associa all'Acquario la dea Giunone.

Nell'Avesta è Dul, una giara per l'acqua. In mesopotamia è Gula, "il Grande"; rappresentava probabilmente Ea, signore delle acque e delle costellazioni australi, e la città di Eridu.

In Cina vi corrispondevano le case lunari della Ragazza, delle Rovine e del Tetto (Nü, 女, Xu, 虚, e Wei, 危), associate al Pipistrello, al Topo e alla Rondine, nonchè la stazione di Giove Xuanxiao.

In India è Khumb (l'acquario, come da rituale di Khumba-Mela) e vi si colloca Shatabhisha, stazione lunare il cui patrono è Rahu (nodo ascendente della Luna), la cui divinità associata è Varuna, nume celeste il cui nome è precursore di Urano, e i cui simboli sono un cerchio vuoto, o mille stelle o fiori.

G. M. Sesti ipotizza che nel III millennio A.C., dominando le notti del solstizio estivo, identificasse il vedico Trita Aptipa (Trita "delle acque"), che annunciava il periodo delle piogge monsoniche. Questo sarebbe poi migrato nel Mediterraneo assumendo l'identità del Tritone pre-ellenico, e infine dell' Acquario.

Schiller mutò l'Acquario in San Taddeo.

Cet – *Cetus*.

La Balena rappresentava in origine non un cetaceo, ma un generico mostro marino, che attaccava e devastava le coste del regno di Cefeo e Cassiopea, i quali offrirono in sacrificio la figlia, Andromeda, per placarne la furia. La raffigurazione del mostro era grottesca: una testa dalle enormi fauci spalancate, le zampe anteriori di un animale terrestre, un corpo rugoso ricoperto di scaglie ed infine una coda di serpente marino.

Quando Andromeda incatenata stava per essere raggiunta dal mostro e divorata, entrò in scena Perseo e lo uccise.

Le stelle più luminose sono α e β, dette dagli Arabi Menkar, "narici", anche se β si trova in corrispondenza della mascella più che del naso, e Deneb Kaitos, la "coda della balena". La stella più famosa invece è Mira (o, omicron Ceti), "stupefacente", poiché si tratta di una stella variabile, talvolta visibile ad occhio nudo. Fu chiamata così da Johannes Hevelius nel '600, ma già segnalata come variabile da David Fabricius a fine '500. Non sembra fosse invece riconosciuta dalla maggior parte degli altri osservatori, da Tolomeo a Tycho.

Per i Sumeri l'insieme piuttosto sparso della Balena era un canale irrigatore che iniziava dalla soprastante figura dell'Ariete, Dil-Gan Iku.

Schiller vi rappresentò San Gioacchino e Sant'Anna.

Pegaso di Nassir ad-Din al-Tusi, disposto col capo a Nord.

Costellazioni invernali

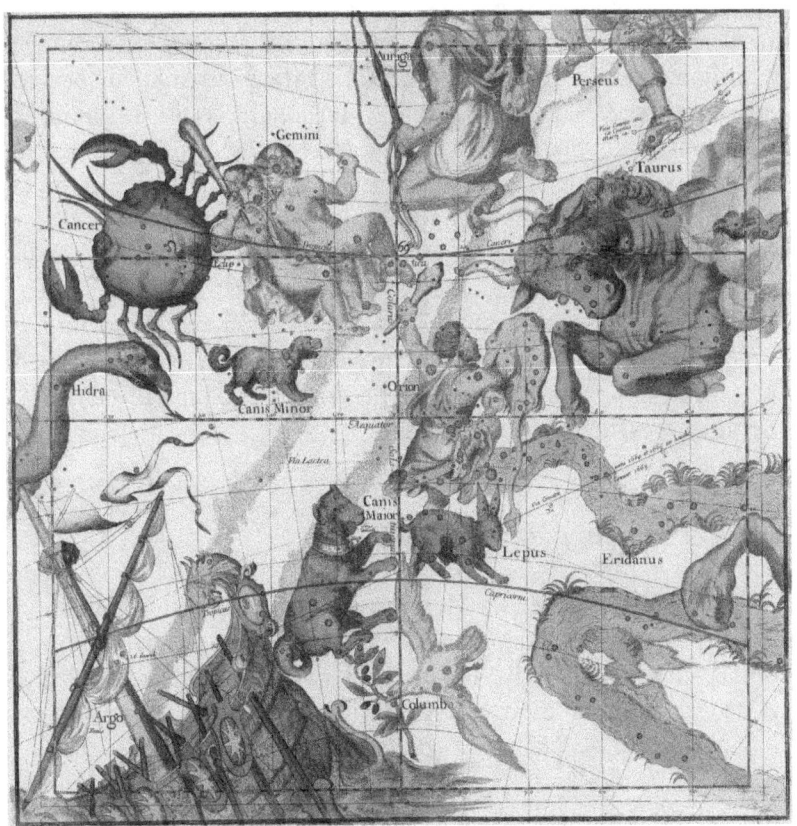

Aur – *Auriga*.

Indicato come figlio della dea Atena e di Efesto, inventore della quadriga e forse identificabile col sovrano ateniese Erichton. Disabile nel camminare, si costruì un carro e divenne insuperato nella domesticazione dei cavalli; per primo riuscì ad aggiogarne quattro insieme. Tiene in una mano una frusta e in braccio una capra, la luminosa Capella (α). È una delle stelle più brillanti del firmamento: il suo nome greco è Aix, e Arato la identifica con Amalthea, la capra che allattò Zeus ancora infante; le vicine eta ζ sono i suoi capretti, Eriphi in greco e Haedi in latino.

In Mesopotamia era Dilgan, protettrice di Babilonia, come anche Gamlum, manico di un'arma ricurva, o infine Lu-Arad, la "pecora del servitore". È chiamata al-Ayyuq dagli arabi. In India è rappresentata come il cuore di Brahma (Brahma Ridaya), mentre la δ è il Signore della creazione Prajāpati. Il profilo della figura si congiunge, nella sua stella più australe, al Toro (β Tauri).

Nella Cina antica il pentagono dell'Auriga era un complesso di Cinque Laghi, inframmezzati al fiume celeste della Via Lattea. Erano anche descritte come Cinque Sorgenti di acque minerali, e successivamente nella Cina imperiale come il ricovero del carro regale. In Lapponia l'insieme rappresenta un Campo di battaglia. Schiller vi raffigurò San Gerolamo.

Tau – *Taurus (Ταυρος).*

Risale probabilmente alla Mesopotamia tra il IV e il V millennio AC., quando l'equinozio cadeva in questa porzione del cielo, ed era la costellazione che iniziava allora l'anno zodiacale; sicché evocò il simbolo di un'energia primordiale e in sumero la si chiamava Gu.An.Na, "toro del cielo", oppure Gu.Si.Di. (in accadico Alu), "toro conduttore": animale sacro alla divinità lunare, che era maschile, oppure suo simbolo. Secondo un mito arcaico cretese un toro venne posto in cielo perché aveva trasportato agevolmente Europa fino a Creta: Europa rappresenterebbe il principio femminile fecondato dal principio maschile, ovvero la Luna rapita dal Toro solare.

Un altro mito narrava che Io, mutata in giovenca da Zeus perché la gelosa moglie Era non scoprisse la nuova amante, fu posta per riparazione in cielo dove la parte anteriore del suo corpo appare come un toro mentre il resto non è visibile.

Per gli Arabi la Costellazione del Toro è Burju 'th-Thur (بُرْجُ ٱلثُّور), ed ospita le tre stazioni lunari ath- Thurayyā (ٱلثُّرَيَّا), ad-Dabarān (ٱلدَّبَرَان), dal nome della α al-Nair al-Dabarān "la luminosa delle successive", poichè segue le Pleiadi nell'apparente moto diurno, e al-Haq'ah (أَلْهَقْعَة). Per la sua posizione Aldebaran fu chiamata anche Tab' al-Najm o Tali al-Najm: "stella successiva" o "stella posteriore", o semplicemente al-Tab, "la Seguente". Altre denominazioni arabe secondo Al-Sūfī sono al-Faniq, "grande Cammello", essendo le stelle circostanti al-Qilas, piccoli cammelli; ed infine anche Ain al-Thawr, "l'occhio del Toro", in omaggio alla raffigurazione canonica. In corrispondenza del corno sinistro c'è la β Elnath, "che urta" in arabo, condivisa con la costellazione dell'Auriga e per questo descritta da al-Marrakushi come Qarn al-Tawr al-Mushtarik (Corno del Toro in Comune).

Per gli Indiani Aldebaran è la classica Rohini (Rossa), nome attribuito anche ad Antares, e qui rappresenta una stazione lunare. Come tale ha il patronato di Chandra (Luna come entità maschile), come divinità associata Prajapati, come simboli il baniano, il tempio e la carrozza.

Al Toro mesopotamico è associata la città di Kish, capitale del regno di Etana (vedi Aql).

È possibile che sia il toro Geush Urvan del mito mitraico, dal cui sangue sarebbero stati originati gli esseri viventi. Mitra che uccide il toro potrebbe rappresentare in termini mitologici lo spodestamento della costellazione rispetto al punto equinoziale di primavera, in un'epoca in cui ancora non si conosceva il fenomeno precessionale. Nell'Avesta il Toro è figura e nome corrispondente di Tora.

Manilio associa al Toro Cytera (Venere).

Iadi: ampio ammasso aperto a "V" in corrispondenza del muso del Toro, con Aldebaran in primo piano senza farne parte fisicamente, rappresentava per i Greci alcune ninfe sorelle, nate da Atlante e da madre incerta, forse l'Oceanina Etra: erano state le nutrici di Dioniso in una caverna del monte Nisa dove Zeus aveva trasportato il bambino, frutto dell'amore adulterino con Semele, per salvarlo dalla persecuzione della gelosa Era: sicché furono chiamate ninfe Nisiadi. Vennero poi tramutate per ricompensa nelle stelle Iadi.

Un altro mito narrava che le giovani erano morte di dolore per la perdita del fratello Iante: per ricordare il loro profondo amore fraterno, furono trasfigurate in stelle e chiamate Iadi in suo nome.

Ugualmente plausibile la derivazione da yein menzionata da Cicerone, "piovere", poiché per i Greci la loro apparizione coincideva nell'antichità con la stagione delle piogge primaverili, e insieme alle Pleiadi per i Romani annunciavano maltempo e mareggiate. Secondo qualche altro altro mitografo Iante sarebbe il padre, o trarrebbero il nome da Hyes che è un appellativo per Dioniso, da loro allevato.

Al-Sūfī riporta per questo gruppo il nome al-Dal (la lettera D), per il suo profilo a delta.

Per i Tupi-Guarani il triangolo delle Iadi è la mascella del Tapiro, per i Lapponi le fauci del Lupo. Per gli Eschimesi è una muta di cani guidati dallo Spirito di un Orso polare (Aldebaran).

Pleiadi: anche questo piccolo gruppetto visuale di sette stelline per i Greci rappresentava sette sorelle, figlie di Atlante e Pleione; tutte si erano unite a divinità generando altri dèi tranne una, offuscata dal congiungimento con un mortale. Ciò ha generato il mito di una "Pleiade perduta", che non è chiaro a quale possa corrispondere fisicamente. Merope avrebbe infatti sposato Sisifo, ma non è affatto la più debole; il fenomeno potrebbe corrispondere piuttosto alla leggera variabilità di Pleione, oscillante ai limiti di visibilità ad occhio nudo, o a Sterope o Celeno, offuscate dalle vicine più brillanti. Sta di fatto che il mito della Pleiade perduta si rintraccia indipendentemente in racconti africani, giapponesi e australiani e potrebbe rispecchiare un fenomeno realmente osservato; nel Talmud si dice che il diluvio universale si scatenò quando Dio sottrasse due stelle alle Pleiadi, e si arrestò quando ne prese due a Boote.

Sulla loro metamorfosi in stelle si raccontavano diverse storie: Apollodoro narrava che, essendo state particolarmente sagge, avevano ottenuto l'onore dell'immortalità celeste.

Pindaro, Esiodo e Igino riferivano che Pleione e le sette figlie, mentre attraversavano la Beozia, furono assalite dal gigante Orione che voleva possederle o, secondo un'altra versione del mito, sedurne la madre. Riuscirono a sfuggirgli, ma da quel giorno il cacciatore continuò ad inseguirle (come infatti si osserva nel corso del moto diurno) per cinque anni, fino a quando Zeus le trasformò in stelle.

Quanto al loro nome, chi lo riteneva derivare da plei, "salpare", perché segnavano dopo l'inverno l'arrivo del tempo propizio alla navigazione; chi da pleion, "più", perché erano numerose; ma è possibile che la forma originale fosse quella pindarica Pleiades, "colombe", perché prima di diventare stelle sarebbero state trasformate da Zeus in questi uccelli per meglio sfuggire ad Orione.

Dagli arabi le Pleiadi vennero chiamate Stelle del Toro, Nujum al-Thurayya, o solo al-Thurayya, o al singolare al-Najm (stella per eccellenza), o anche al-Unqud, il Grappolo d'Uva.

Gli Indiani le chiamano Krittika e sono sei nutrici del dio Skanda, che per questo è noto con l'epiteto di Kartikeya. Identificano la stazione lunare che ha come patrono Surya (il Sole), come divinità associata Agni (il Fuoco), come simbolo la lancia o il pugnale. Come insieme di stelle, erano anche viste rappresentare il gruppetto delle mogli associate ai sette Saggi (Rishi) dell'Orsa Maggiore.

In sumerico erano "le Stelle" per eccellenza: "Mul.Mul"; data l'importanza attribuita al numero 7, erano anche "le Sette", Sebetti. Sono citate in numerosi passaggi in relazione al calendario, e note anche spesso come "setole", associate alla figura del Toro o del Bue. La loro comparsa mattutina nel secondo mese dell'anno, Ayaru, segnava l'inizio dei lavori di aratura; a seconda della posizione della Luna rispetto a queste, era il momento di decidere le intercalazioni eventualmente necessarie per la sincronia del calendario con le stagioni. Rappresentavano sia le sette divinità principali, che tutti gli anni si riunivano per decretare i destini dei regni, dei sovrani e dei popoli, sia sette entità demoniache che tramavano per sovvertire gli ordini naturali. Queste ultime erano associate a Nergal, divinità ctonia e guerriera; si attivavano intensamente quando la Luna o Venere transitavano nella costellazione, generando tensioni nelle sfere celesti, e sconvolgimenti nelle vicende terrene delle città-stato.

Le Pleiadi erano note come Parvin ("stella") in persiano e urdu, nome diffuso dal Medio Oriente al Sud Asia. In accadico erano invece delle setole, "zappu".

Il loro sorgere eliaco segnava l'inizio dell'anno agricolo, e in alcune culture mediterranee le qualificava quindi come "stelle di semina". È uno dei decani meglio conosciuti istituiti dagli Egizi, il ventottesimo: Gregge o Moltitudine. I due successivi erano la Mascella superiore e quella inferiore, corrispondenti alle Iadi. Arato cita il loro sorgere acronico (al tramonto) come annunciazione dell'autunno.

Iadi e Pleiadi sono collettivamente le Atlantidi, figlie di Atlante così come pure le Esperidi, queste ultime però non identificabili nel cielo della mitologia classica, e forse figlie della Notte (vedi UMi). In totale Pleiadi e Iadi secondo gli autori sarebbero dodici o quindici.

I nomi delle Pleiadi sono Alcyone (η Tau), Merope, Maia, Elettra, Sterope, Taygete e Celeno. A questi classici, nominati da Arato, furono aggiunti Atlante e Pleione nel '600 da Riccioli.

Si hanno invece più versioni per i nomi delle Iadi ("propiziatrici di pioggia"): i più citati sono Pasitoe, Ambrosia, Aesyle, Eudora, Coronide, Fileto, Pytho, Synecho, Baccho, Fesile, Cila, Feo, Cleia, Cardie, Niseis, Dione e Calypso, cinque o sette delle quali sarebbero corrispondenti a una non meglio determinata stella.

Gli Aztechi chiamavano le Pleiadi Tianquiztli, "le numerose" ed erano considerate una costellazione fondamentale. Nel complesso di Monte Albàn (Oaxaca, Messico), il pozzo zenitale dell'edificio P mostrava la culminazione dell'asterismo nella posizione che aveva all'epoca dell'edificazione (IV sec. A.C.).

Per alcune tribù Toba dell'Argentina, rappresentavano un vecchio che col suo apparire all'alba annunciava la stagione fredda; nei mesi a seguire la sua risalita mattutina verso il meridiano annunciava la fine dell'inverno, per tramontare infine alle prime luci del giorno nella stagione più calda. Il nome Daipi'chi è anche associato ad un mitico progenitore che avrebbe creato o disposto i corpi celesti, e stabilito le stagioni; ma l'insieme è anche descritto come un falò, un gruppo di giovani, un cespuglio fiorito della pianta aerea Tillandsia, o una manciata di farina.

Una storia degli Apache Kiowa racconta di sette ragazzine che si allontanarono troppo dal loro villaggio e vennero cacciate da alcuni orsi. Rifugiatesi in cima a una roccia, pregarono per la loro salvezza, e la roccia crebbe fino al cielo, dove rimasero trasfigurate in stelle.

Nella Cina di epoca Zhou risulta che fossero descritte solo cinque Pleiadi, associate alle tre della cintura di Orione (le "tre e le cinque dell'est"). Sima Qian chiama l'ammasso "maotou" e rappresenterebbe una ciocca di capelli annodati. Le Iadi erano invece descritte come una rete da caccia. Il Toro ospitava le case lunari del Ciuffo e della Rete (Mao 昴, e Bi, 毕), associate al Gallo e al Corvo, nonché la stazione di Giove Shi chen.

Schiller sostituì il Toro con Sant'Andrea.

Al Toro sono associate la prima carta dei tarocchi, il Mago, e la prima lettera dell'alfabeto ebraico, l'aleph.

Gem – *Gemini (Δίδυμοι)*.

I Gemelli classici, secondo Eratostene e Igino, sono i Dioscuri (Dioskouroi: "figli di Zeus"), Castore (da castoro) e Polideuce ("dolce vino", Polluce); Tolomeo li cita quali Apollo ed Ercole. Secondo una versione del mito greco, Zeus si era innamorato di Nemesi, una delle figlie della Notte, che per sfuggirgli assunse diverse sembianze, sino a diventare un'oca. In risposta Zeus si mutò in un cigno unendosi a lei. Nemesi dunque depose un uovo divino che i pastori raccolsero e diedero a Leda, da cui nacquero Elena e i Dioscuri. La versione che divenne più popolare da Euripide in poi narrava che, dopo l'unione col cigno Zeus, Leda si unì nella notte col marito Tindaro. Da entrambe le unioni nacquero dei figli: da Zeus, Elena e Polluce, che erano immortali; da Tindaro, Castore e Clitennestra, mortali. Leda fu poi deificata col nome di Nemesi.

I due gemelli non si separavano mai e sempre agivano di concerto. Igino narra che quando furono trasformati da Zeus nell'omonima costellazione, Poseidone donò loro bianchi cavalli, che spesso cavalcarono insieme, e il potere di salvare i naufraghi e di far spirare i venti favorevoli. I marinai antichi credevano che le due stelle di Castore e Polluce, comparse singolarmente, fossero minacciose per la navigazione, ma comparse in coppia fossero favorevoli, o, se apparse durante una bufera, preannunciassero un rapido miglioramento.

La leggenda narra che i Dioscuri erano rivali dei due cugini Ida e Linceo, non meno devoti l'un l'altro: i primi avrebbero rubato le loro spose ai secondi. Riappacificatisi durante la spedizione degli Argonauti alla quale parteciparono, dopo una razzia di bestiame portata a termine da entrambe le coppie insieme, i due cugini riuscirono con uno stratagemma a impadronirsi di tutto il bottino, ma dovettero subire la controffensiva dei Dioscuri che strapparono loro il maltolto e si nascosero. Ma Linceo dalla vista acuta, dopo averli individuati avvertì Ida che con una lancia colpì mortalmente Castore. Polluce si avventò su di loro per vendicarsi e, pur ferito da Ida riuscì ad uccidere Linceo. Zeus portò a termine la vendetta folgorando Ida, quindi decise di trasformare Polluce in una stella: quest'ultimo, però, lo implorò di condividere il cielo col fratello. In tal modo riscattò Castore che, pur non essendo immortale figlio diretto di Zeus, comparve nel cielo accanto a lui.

Manilio associa ai gemelli Febo (Apollo).

I gemelli per gli Arabi erano al-Taw'am. Caspar Vopel, facendo riferimento probabilmente alle Tavole Alfonsine, riporta i momi della α e della β come Anhelar e Abrachaleus.

Per i Sumeri vi erano due coppie gemelle: una in α e β, Mash.Tab.Ba.Gal.Gal (i Gemelli Maggiori, in accadico Tu'amu Rabuti), l'altra in λ e ζ, Mash.Tab.Ba.Tur.Tur (i Gemelli Minori, in accadico Tu'amu Shiruti); i primi erano Lugalgirra e Meslamtea, i secondi Alammush e Nin-Ezen-Gud. Erano associati alle città di Ur e Kutha; quest'ultima era anche luogo di elezione di Nergal, dio degli inferi e rappresentato in cielo da Marte.

Nell'Avesta i Gemelli sono Do-patkar, le "due Figure".

In Cina nei Gemelli era collocata la casa lunare del Pozzo (Jing, 井), associata al Tapiro, e la stazione di Giove Chunshou.

Nella mitologia scandinava α e β sono gli Occhi del gigante Thiazi, strappatigli da Odino che li gettò in cielo.

In quella indù è la figura duale Punarvasu, "due Restauratori degli Dèi", è la stazione lunare sotto la protezione di Guru (Giove); la loro divinità è la madre divina Aditi, i loro simboli l'arco e la faretra.

Nei Gemelli Schiller collocò San Giacomo Maggiore.

Cnc - *Cancer (Κάρκινον)*.

La costellazione meno luminosa dello Zodiaco, segnava prima l'inizio del solstizio d'estate (e il Capricorno, di conseguenza, era il punto d'inizio del solstizio d'inverno, da cui presero nome i due tropici, del Cancro e del Capricorno: ora invece per effetto della precessione, i due punti sono situati rispettivamente nei Gemelli e nel Sagittario). Cancer in latino significa sia granchio che gambero.

Igino narra che si tratti del granchio che tentò di mordere Ercole durante il suo combattimento contro l'Idra di Lerna, ma che venne calpestato dall'eroe. Giunone, nemica di Ercole in quanto frutto dell'adulterio di suo marito Giove, volle ricompensare il crostaceo immortalandolo nel cielo.

Secondo i Greci, invece, il crostaceo avrebbe tenuto ferma una ninfa al sopraggiungere di Zeus (per i suoi soliti intenti).

Le due stelle principali del Cancro sono l'Asellus Borealis (asino boreale) ed Asellus australis (asino australe) che, secondo un mito, dovevano essere i due asini che avevano condotto Dioniso, reso pazzo da Giunone in quanto figlio adulterino di Giove, nel tempio di Zeus Dodoneo, dove rinsavì immediatamente: da qui Giove li volle ricompensare incastonandoli nel cielo. Le due stelle sono separate da una nebulosa visibile a occhio nudo (M44, ammasso aperto) chiamata, per la presenza dei due asini, Presepio o Mangiatoia, o altrimenti Alveare.

Un altro mito, più prosaico e irriverente verso Dioniso, narrava invece che i due asini cavalcati dai Sileni avevessero spaventato e messo in fuga i Giganti con il loro ragliare terribilmente sgraziato, a loro sconosciuto, e che aveva fatto credere l'arrivo di esseri mostruosi ingaggiati dagli Dei per sbaragliarli. Dopo l'ingloriosa vittoria, Dioniso immortalò i due animali nel cielo.

Manilio associa al Cancro Cyllenio (Mercurio).

Anche in Mesopotamia la costellazione del Cancro (AL.LUL. in sumerico) era vista come un granchio, o una tartaruga o un generico animale marino dotato di carpace; era probabilmente associata a Sippar.

In accadico era sia Alluttu (il Granchio) che Nagar (Nangaru), che rappresentava un carpentiere.

Nel cancro arabo (Sartan, اَلسَّرْطَان) sono iscritte tre stazioni lunari, ma la figura era inconsistente e quasi tutta parte del Leone: an-Nathrah (اَلنَّثْرَة), at-Tarf (اَلطَّرْف \ اَلطَّرْفَة) e al-Jabah (اَلجَبْهَة). L'ammasso M44 fu descritto come una massa nebulosa (al-Ishtibak al-Sahabi), e denominata specificamente Presepe: al-Mi'laf.
Identifica una delle stazioni lunari col nome di al-Natra ("Narici", riferito al Leone arabo esteso fino al Cancro).
Secondo alcuni l'accostamento della costellazione a dei crostacei (e talvolta anche a un polpo o tartaruga) raffigurerebbe l'inversione di movimento (di lato, simile all'incedere dei granchi) o culmine apparente in tale costellazione del Sole, la cui altezza in cielo raggiunge qui il massimo per cominciare poi a calare.
Nell'Avesta è Kalachang, il granchio.
Nella tradizione indù è Karka, ospita una stazione lunare per la quale sono noti tre appellativi: Pushya (Nutrice), Tishya (Auspicio) o Sidhya (Prospero); il suo patrono è Shani (Saturno), la divinità Brihaspati, i simboli sono il loto, la freccia, il cerchio, le mammelle della mucca.
In Cina il Cancro ospitava la casa lunare dello Spirito (Gui, 鬼), associata alla Capra.
Nel cielo di Schiller il Cancro era San Giovanni Evangelista.

Eri – *Eridanus.*

Fiume celeste che nella mitologia dei Greci portava al mare Oceano, nel Mediterraneo è spesso identificato col Po; per gli Egizi era una possibile rappresentazioni del Nilo, come testimoniato da Eratostene e Igino; secondo Esiodo è invece distinto da questo; in India era il Gange, come pure la Via Lattea.
Il nome potrebbe originarsi dal sumerico Ariadan (il Fiume possente), nome pure rievocato dal Rodano. È possibile che in origine si riferisse all'Eufrate; Kugler ipotizza una derivazione da Eridu. Nasce in prossimità di Orione e termina molto più a sud con la α Achernar, dall'arabo Akhir al-Nahr, "foce del fiume". Bayer lo chiama Guagi, contrazione di Xadi Al Kabir (Guadalquivir). Nella sua parte settentrionale, la tradizione araba

antica vedeva un nido di uova di struzzo; per i beduini, struzzi grandi e piccini popolavano l'intera figura, come pure parte delle confinanti Lepre e Balena.

In Cina la parte australe della lunga sequenza di stelle era rappresentata come un frutteto, quella boreale insieme a parte della Balena era un granaio.

Schiller modificò l'idea di un corso d'acqua facendone il passaggio del Mar Rosso.

Ori – *Orion.*

E' immaginato classicamente nell'atto di inseguire le Pleiadi, oppure di affrontare il vicino Toro, scenario non spiegato da alcuna leggenda mediterranea. Orione, la più splendente delle costellazioni, era secondo i greci un formidabile cacciatore figlio di Poseidone (il romano Nettuno) e la gorgone Euriale. Delle sue imprese narrano Arato, Eratostene ed Igino. Avendo corteggiato Merope, la figlia del Re Enopione, Orione venne da lui accecato per punizione, finché l'impietosito Efesto (Vulcano, dio del fuoco) gli diede come guida uno dei suoi giovani assistenti, Cedalione. Seguendo un oracolo, la giovane guida lo condusse ad Est, nel punto dove si innalzava il cocchio che trainava il Sole; giunto a destinazione, i raggi del Sole all'alba gli restituirono la vista.

Il Sole e L'Aurora, però, alla vista del cacciatore s'invaghirono di lui ed il loro dio Apollo, offeso e preoccupato, escogitò un inganno: indusse Madre Terra ad aizzargli contro un pericolosissimo scorpione. Orione tentò di difendersi ma poiché l'animale sembrava invulnerabile, fuggì a nuoto verso Delo. Apollo allora invitò la sorella Artemide (Diana), anch'essa innamorata di Orione, ad una gara di tiro con l'arco e le indicò come bersaglio nel mare un grosso pesce scuro, così lontano da non poterne riconoscere la forma. La dea colpì in pieno il suo bersaglio, ma avvicinandosi scoprì che il pesce in realtà era il suo amato che stava nuotando; Artemide in lutto lo immortalò tra le costellazioni. Secondo un'altra versione della storia invece, Artemide, offesa perché il cacciatore si riteneva migliore della dea proprio nella caccia, fece scaturire dalla terra uno scorpione che lo punse mortalmente. Si tratta dello Scorpione zodiacale, collocato dalla parte opposta del firmamento di modo che i due nemici non si vedano mai insieme sull'orizzonte.

In un'altra versione, Zeus ed Ermes nelle sembianze di due stranieri avrebbero esaudito il desiderio del vecchio contadino Ireo, che li aveva generosamente ospitati, macellando l'unico bue che gli era rimasto. Aveva poi confidato loro il sogno, mai realizzatosi, di avere un figlio. Gli dei dunque gli dissero di portare davanti a loro la pelle del bue di cui si erano appena nutriti, vi sparsero sopra la loro urina, infine gli ordinarono di seppellirla. Dalla terra nacque un bimbo che Ireo chiamò Urione (dal greco ourein, urinare). Sarebbe quindi, come sempre i giganti del mito, un figlio della Terra.

Alcuni ritengono che Orione sia la rielaborazione della figura mitologica sumera Uru-anna, cioè "luce del cielo", stante la simiglianza fonetica.

Altri nomi sumerici sono Suhur.Mash e Si.Pa.Zi.An.Na, il Pastore di Anu (il Cielo), legato ai due numi minori preposti alla comunicazione Ninshubur e Papshukal; quest'ultimo era il gran visir del dio Anu e della dea Ishtar.

Va rilevata la probabilità che la figura possa corrispondere anche a Gilgamesh, caso che spiegherebbe il confronto col toro celeste, raccontato nella sua epopea.

La stella più brillante della costellazione è Rigel (arabo rijl, "piede"). La più nota Betelgeuse, corrispondente alla spalla destra del cacciatore, deriva dall'arabo Yad al-Jauza, "Mano [di chi è] in mezzo": sull'identità di quest'ultimo ancora si è incerti. È uno dei personaggi nel quale gli Arabi avevano identificato la costellazione: una donna che probabilmente per la sua posizione a ridosso dell'equatore celeste veniva chiamata appunto al Jauza, "[femmina] nel mezzo". Altro nome noto agli arabi è Mankib al-Jauza, la Spalla di Jauza.

Altro nome arabo riferito a Orione è Jabbar ("Gigante").

In Mesopotamia Betelgeuse era riconosciuta come stella "tipki" (colorata), col nome di U-Ri-in. La spalla sinistra di Orione porta in tutte le mappe il nome latino di Bellatrix ("guerriera"), ma era indicata dagli Arabi come al-Najith. Le tre stelle che formano la cintura sono Alnilam ("filo di perle" in arabo, in origine al-

Nizam), Alnitak e Mintaka ("cintura" o "guaina"); collettivamente erano chiamate Mintaqat al-Jauza, Nitaq al-Jauza, Faqar al-Jauza o al-Nazm. Al di sotto di queste e della grande nebulosa M42, è Saiph (da Saif al-Jabbar, la Spada di Jabbar).

La serie di stelle π rappresenta il braccio sinistro levato in direzione del Toro, avvolto in una pelle di leone per difesa; come tali Al-Sūfī ne elenca nove col nome collettivo di Dhawa al-Jauza, oppure Taj al-Jawza (corona).

Nella figura femminile originaria araba, le tre della cintura sono invece la schiena della donna, accovacciata mentre tira con l'arco in direzione dei Gemelli.

Le tre stelle corrispondenti al capo della figura eretta sono note come Sahabi, "nebulosa" per via della debolezza che conferisce loro un aspetto visuale confuso, benchè fossero compiutamente descritte come un triangolo (Muthallath); per notevole coincidenza esse si trovano effettivamente al centro di una nebulosità, benchè invisibile ad occhio nudo. Identifica anche le stazioni lunari arabe al-Hanah ("il Marchio", الهَنعة), e la α quella successiva, (ad-Dhira, الذِّراع), che nella sequenza zodiacale sarebbero di pertinenza dei Gemelli.

Orione veniva anche immaginato in procinto di cacciare la vicina Lepre, accompagnato dal Cane Minore e Cane Maggiore.

Nella mitologia islandese le stelle della cintura erano tre pescatori; nella tradizione orale latinoamericana, sono le Tre Marie; in quella rumena, tre Santi. Originariamente, in quest'ultima il complesso cintura-spada-gambe era raffigurato come un attrezzo agricolo. Rimase invece fortunatamente inascoltata la proposta dell'Università di Lipsia, di dedicarle a Napoleone ("Stellae Napoleonis").

Erano il trentatreesimo decano egizio, rappresentato come Tridente o Scettro, seguendo i due precedenti che figuravano come Braccio e Avambraccio (le stelle π). La figura nel suo complesso era il dio Osiride, seguito dalla consorte Iside (Sirio).

In Cina le tre stelle erano la Tigre Bianca, ed anche una bilancia con un peso in pietra usato come unità di misura. Le stelle π, anzichè un braccio armato, erano un vessillo. La costellazione fu vista anche come la figura del capo guerriero, che assumeva il comando del villaggio nella stagione in cui i predoni compivano incursioni nelle campagne per razziare le scorte alimentari. Al di sotto delle tre stelle ve ne erano alcune note come "Attacco", di incerta identificazione ma che potrebbero corrispondere alla spada, mentre quelle del quadrilatero erano le Spalle e le Anche. Vi si collocavano le due case lunari della Tortora e delle Tre Stelle (Zui, 觜, e Shen, 参), associate alla Scimmia e al Gibbone.

In Orione gli indù hanno collocato due stazioni lunari. La prima (λ e ϕ) è Mrigashirsha (o anche Agrahayani), "Testa di Antilope"; ha come patrono Mangala (Marte), come numi Chandra e Soma (Luna ed elisir lunare), come simbolo la testa del cervo. La seconda è Ardra, "Umida", appellativo di Betelgeuse; il patrono è Rahu (nodo lunare ascendente), la divinità associata Rudra, dio della tempesta, i simboli una testa umana, una lacrima e un diamante.

L'Orione di Schiller era San Giuseppe.

Cma – *Canis Maior*,   Cmi – *Canis Minor.*

Secondo i greci erano i cani che accompagnavano Orione, mentre il primo raffigurava anche il dio Anubi per gli Egizi. Dal Cane deriva il termine canicola con il quale si indica il periodo più caldo dell'anno. Il Cane Maggiore è identificato da Eratostene con Laelaps (Lelapo), cane da caccia dalla leggendaria agilità, e del quale si tramandano varie imprese sotto diversi padroni, tra i quali spicca Procri, figlia di un re di Atene. Un'altra possibile identificazione è quella del cane donato da Aurora a Cefalo; in Scandinavia lo si è visto come il cane di Sigurd. I Cinesi lo identificano con Lang, la figura di un lupo. Secondo il mutare scintillante del suo colore, poteva preannunciare incursioni di banditi e predoni. Riguardo al suo colore, rimane misteriosa la descrizione che ne fanno concordemente Tolomeo, Cicerone, Orazio e Seneca e come di una stella rossa, caratteristica mai rilevata da altri osservatori quali Eratostene, Arato, Manilio, Igino e Germanico. In Egitto Sirio era il primo dei 36 decani e originariamente annunciava con il suo sorgere eliaco, attorno al solstizio d'estate, l'esondazione del Nilo. Rappresentava Iside col nome egizio Sepdet (Sothis), e la prima levata mattutina segnava l'inizio dell'anno sotiaco del calendario nilotico tradizionale. Era l' "annunciazione di Iside" (peret Sepdet), che così concludeva il suo rito di purificazione della congiunzione eliaca. Altri nomi che si ritrovano successivamente sono Metathiax nel Testamento di Salomone, Sothier nell'ermetismo greco e Seneptois in quello latino, Panem in Aristobulo e Apollun in Kircher. Sirio è peraltro di probabile derivazione sanscrita (Surya è il Sole), benchè più comunemente associata al greco "seiros", che fa inaridire. Manilio, Esiodo e Virgilio menzionano Sirio e il Cane in relazione al periodo torrido dell'anno ("canicola", i giorni del cane).

Nella tradizione araba Procione (CMi) e Sirio (CMa) sono chiamate collettivamente al Shirayan (le Shira), e individualmente Shiraz al Samyya e Shiraz al Yamanyya: quella settentrionale (Procione) essendo orientata alla Siria e quella meridionale (Sirio) allo Yemen. Al-Sūfī tramanda anche l'arcaica storia di due sorelle, in viaggio verso sud per raggiungere il loro amato; Procione è detta al-Gomaysa ("in lacrime"), e Sirio è al-Abor ("che ha attraversato"). La prima sarebbe rimasta indietro, piangendo il suo ritardo; la seconda avrebbe invece oltrepassato il fiume celeste (la Via Lattea). Va rilevato che entrambe sono stelle vicine e dotate di sensibile moto proprio in direzione australe, quindi Sirio è effettivamente transitata a sud della Via Lattea nel corso di diverse decine di migliaia d'anni. Questo farebbe pensare a osservazioni tramandate dal Paleolitico superiore, e farebbe di questa storia la più antica testimonianza documentabile.

Il nome sumerico di Sirio è Mul.Gag.Si.Sa, l'achemenide Kak.Si.Da, e l'accadico Sukudu, che forse si riferisce anche a Procione. Il Cane Maggiore sumerico è un'arco, Ban, e in Elam Ishtar; il Minore un gallo, Tar-Lugal Hu.

Il Cane Maggiore e il Minore divennero, nel cielo di Schiller, rispettivamente, il Re Davide e l'Agnello Pasquale.

Nel Cane Minore, Procione è identificato dal mito indù con Hanuman, divinità benefica col capo di scimmia, discendente dello spirito del monsone.

Col – *Columba*.

Sconosciuta nella tradizione occidentale classica; i Cinesi rappresentarono nelle stelle α ed ε Zhangren, nelle β e λ o γ suo figlio Zi, nelle κ e ϑ o δ il nipote Sun; erano tre generazioni di una famiglia di contadini. L'idea della Colomba fu di Keiser e de Houtman: era la Colomba liberata da Noè. Come tale era anche rappresentata nel cielo cristiano di Schiller, insieme al vello di Gedeone corrispondente alla vicina Lepre.

Lep – *Lepus*.

L'animale è preda di caccia di Orione e secondo i Greci la costellazione fu creata dal dio Ermes per premiare la velocità dell'animale. Trovandosi ai piedi di Orione, in Egitto fece parte dell'imbarcazione sulla quale si ergeva Osiride.
In Cina fu anche descritta col nome particolarmente prosaico di Latrina Celeste, al di sotto della quale giaceva il suo contenuto (la Colomba).

Mon – *Monoceros*.

L'Unicorno della mitologia medievale è una figura recente, ideata da Petrus Plancius come Monoceros Unicornis, quindi cartografata da Jacob Bartsch ed Hevelius. Si hanno incerte tracce di una figura simile che l'avrebbe preceduta; secondo Olbers e Ideler, un manoscritto astrologico del '500 citava un "secondo Cavallo" tra i Gemelli e il Cancro riferendosi a un'indicazione che risaliva a Michele Scoto nel '200. Giuseppe Scaligero menzionava una simile figura su una sfera celeste persiana.

Orione di Hevelius; come ancora d'uso in alcune mappe dell'epoca, è rovesciato est-ovest, come visto dall'esterno della volta celeste.

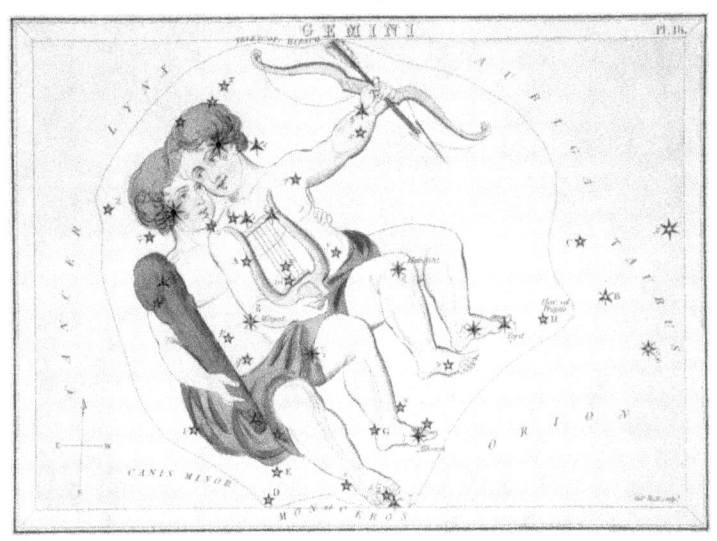

I Gemelli (Urania's Mirror).

Costellazioni primaverili

Com – *Coma Berenices.*

La Chioma di Berenice era originariamente l'estremità della coda del Leone. Nell'Almagesto di Tolomeo viene rappresentata come un ricciolo di capelli; Eratostene la descriveva in due modi: se associata alla costellazione della Corona Boreale, si trattava della chioma di Arianna; se al Leone (versione più diffusa) si trattava della chioma della Regina d'Egitto Berenice II di Cirenaica. Questa era consorte di Tolomeo III Evergete, nota per la bella e insolita capigliatura bionda. Secondo Igino, quando Tolomeo fu impegnato nella guerra contro il re di Siria Seleuco, Berenice fece voto di tagliarsi i capelli se il marito fosse tornato incolume. Tolomeo tornò sano e salvo e la moglie mantenne la promessa deponendo la sua chioma in un tempio. Il giorno dopo, però, le trecce scomparvero e Conone di Samo, matematico ed astronomo che lavorava in Alessandria, riferì al re che erano state assunte in cielo comparendo tra le costellazioni.

Il primo disegno come gruppo a sé è in un globo di Caspar Vopel del 1536, che separava anche Antinoo da alcune stelle dell'Aquila; nei cataloghi stellari di Gerardus Mercator del 1551 e di Tycho Brahe del 1602 sono ancora presenti entrambe le figure, ma in seguito Antinoo non fu più raffigurato e fu mantenuta definitivamente la Chioma.

Per i Sumeri la concentrazione di stelle rappresentava He-Gàl-A.a, l'Abbondanza; la γ era anche una fronda di palma da datteri.

Schiller vi ha raffigurato il Flagello di Cristo.

Boo – *Bootes*.

Posta in coda all'Orsa Maggiore, questa costellazione è legata alla figura di un pastore che prende il nome di Boote, probabilmente dalla parola greca "boutes" che sta per "bovaro", o "bifolco". Alcuni ritengono che tale nome significhi "colui che spinge avanti il bue", dato che il Grande Carro dell'Orsa Maggiore sembra essere trainato da buoi. Per i Greci questa costellazione si chiamava anche "Arctophylax", cioè custode dell'orso, riferito chiaramente all'Orsa Maggiore. Arato lo rappresenta come un uomo che fa girare l'orsa intorno al polo. Successivamente gli astronomi considerarono di appartenenza del pastore i vicini Cani da Caccia. La sua stella più brillante, nonché la quarta più brillante di tutta la volta celeste, è Arturo, dal greco "Arktouros", "Guardia dell'Orso".

Secondo Eratostene il pastore sarebbe Arcas, figlio di Zeus e Callisto, figlia di Licaone, Re di Arcadia. Quest'ultimo un giorno avendo Zeus in persona a pranzo volle accertarsi della sua vera identità: quindi fece a pezzi Arcas (o lo fecero i loro figli) e mischiò le sue carni con quelle della grigliata mista per vedere se suo padre ne avesse riconosciuta la provenienza. Zeus si accorse subito della nefandezza e folgorò tutti i figli di Licaone, che venne poi trasformato in lupo. Quindi raccolti i pezzi, resuscitò il suo figliolo e lo affidò alla Pleiade Maia perché lo crescesse. Intanto la madre Callisto venne trasformata in Orsa, forse da Zeus per farla sfuggire alle ire della moglie Era o forse proprio da quest'ultima per vendetta, o forse ancora da Artemide. Arcas divenne adulto e durante una battuta di caccia incontrò la madre-orsa: quest'ultima però non poteva che grugnire, cosicchè l'ignaro figlio tentò di ucciderla. Callisto fuggì e si rifugiò nel tempio di Zeus il cui accesso era proibito ai profanatori, pena la morte. Per evitarle tale punizione Zeus mise in cielo lei e il figlio.

Secondo Igino la costellazione rappresenterebbe Icario, al quale il dio Dioniso insegnò a coltivare la vite e a produrre il vino. Un giorno Icario offrì del vino nuovo a dei pastori, ma essi non lo diluirono come era stato raccomandato, e finirono in ebbrezza e in delirio. Pensando a un tentativo di avvelenamento, altri pastori lo uccisero; ma quando gli ubriachi si riebbero, cercarono Icario invano per ringraziarlo dell'esperienza estatica. Gli omicidi vennero in seguito puniti con la morte. Il cane di Icario si accorse del tragico evento e lo fece intendere anche alla figlia Erigone che per la disperazione s'impiccò all'albero dove giaceva il cadavere del padre. Anche il cane morì infine di dolore per aver perso entrambi i padroni. Zeus dispose in cielo la figura di Icario (rappresentato da Boote), di sua figlia (rappresentata dalla Vergine) e del cane (il Cane Maggiore o Minore, a seconda delle interpretazioni). Lo stesso mitografo riferisce un'altra possibile identità per Boote: è Filomelo, che insieme a Pluto era figlio di Demetra e Giasone. Al contrario di Pluto, ricco e indifferente, Filomelo si ingegnava faticosamente a coltivare la terra, inventando l'aratro e aggiogandovi due buoi. Verrà premiato dalla Dea della fertilità terrestre con l'immortalità, e collocato in cielo con una delle sue stelle più luminose.

Arturo appartiene alla figura araba antica del Leone, molto più esteso dell'attuale, insieme a Spica nella Vergine; queste due stelle sono chiamate Guardiani, rispettivamente al Simak al Ramih, e al Simak al A'zal. Abu Ali'l-Hasan al-Marrakusi (XIII sec.) descrive la figura umana di un Banditore, al-Sayyah o al-Awwa; Al-Sūfī di un Guardiano Boreale e Al-Biruni quella del secondo cucciolo del Leone.

Bootes è stato anche talvolta menzionato come un cane pastore; il Caleb Anubach ebraico, ad esempio, è il "cane che abbaia".

In Mesopotamia la figura è nota come "giogo della Terra", Shudun, e Arturo in particolare è il Legame Splendente: Dur-Kun in sumerico e Shu.Pa in accadico, al quale è aggiogato un asino.

Si ritiene che possa corrispondere ad un grande ippopotamo, figura enigmatica ricorrente in diverse rappresentazioni del cielo egizio, associato a uno o più coccodrilli.

In India Arturo è la stazione lunare Svati, dal sanscrito Su-Ati ("ottimo"); il suo patrono è Rahu (nodo lunare ascendente), la sua divinità associata è Vayu, dio del vento, i simboli il corallo e la gemma delle piante.

Nel cielo di Schiller è Santo Stefano.

Leo – *Leo (Λέοντα)*.

Il leone era associato al Sole del solstizio d'estate: la sua origine è dai più attribuita ai Sumeri, che lo chiamavano UR.GU.LA, per altri invece agli egiziani, osservando il fatto che i leoni per sfuggire alla siccità si recavano in massa nella valle del Nilo proprio nei giorni solstiziali, quando il fiume straripava: da qui il leone divenne il simbolo della discesa del Nume triforme in Horo, oppure nel Sole divino che nutriva il cosmo e faceva crescere le acque del Nilo. In Egitto è diffuso il simbolismo che associa la fonte d'acqua o l'abbondanza del vino con il leone, tant'è che molte fontane e tini sono costruiti con una testa di leone da cui sgorga l'acqua o il vino (usanza propiziatoria ancor oggi praticata). Così è alla fontana del Bernini in piazza Navona a Roma: l'animale è scolpito mentre accosta il muso all'acqua aspettando la crescita di livello. Nel solstizio d'estate venivano chiusi gli scoli della fontana per simulare lo straripamento del Nilo.

Gli Arabi avevano disegnato in cielo un Leone molto più esteso, che comprendeva anche il Cancro, la Vergine e la Bilancia, oltre a toccare l'Orsa Maggiore e l'Idra: la stella Algieba che oggi viene vista come la criniera dell'animale, deriva infatti dall'arabo "al Jahbah", cioè "la fronte" della grande figura leonina araba.

Nella mitologia greco-romana vi sono due prevalenti interpretazioni: secondo Igino Giove avrebbe messo nel cielo l'immagine del Leone in quanto Re degli animali. Altri mitografi invece sostengono si trattasse del Leone di Nemea ucciso da Ercole nella prima delle sue imprese per riabilitarsi. L'animale generato da Tifone ed Echidna, la mostruosa donna con la coda di serpente, divorava uomini e greggi. Dopo un vano tentativo con le frecce, l'eroe intrappolò la bestia in una caverna e la strangolò. Dopodichè Ercole la scuoiò utilizzando i suoi stessi artigli e utilizzò la pelle come mantello e la testa come elmo, conferendosi un aspetto aggressivo. Infine Zeus pose in cielo il leone in memoria dell'impresa di Ercole.

Manilio associa al Leone Jupiter (Giove).

La α, Regolo, dal latino "Regulus" ed anche "Basiliscos" in greco (piccolo re), è definita così da Tolomeo, ma altrove ha sempre avuto un carattere regale: in Mesopotamia era il Re (Lugal); per gli Ebrei la stella di David.

In Persia è uno dei quattro Guardiani delle stagioni, quello centrale Miyan; le altre tre stelle regali essendo Aldebaran, Antares e Fomalhaut, spaziate all'incirca equamente ogni sei ore di ascensione retta.

Per gli Arabi è il Cuore del Grande Leone (al Qalb al-Asad al Akbar). Il Leone arabo (al-Asad, أَلأَسَد), nella sua configurazione originaria più estesa, ospitava le stazioni lunari al-Zubrah (la Criniera, أَلزُّبْرَة) e al-Sarfah (la Curva, أَلصَّرْفَة).

Nell'Avesta è la figura equivalente Sher.

Nella tradizione rurale rumena, alla figura del Leone corrisponde un Cavallo.

In India, la figura comprende le stazioni lunari Maghas (Regolo) Purva Phalguni (Zosma) e Uttara Phalguni (Denebola). La prima (Munifica) ha come patrono Ketu (il nodo lunare discendente), come simbolo il Trono reale, come divinità gli Antenati. La seconda (Prima Rossa) ha come patrono Shukra (Venere), come simbolo l'albero di fico e l'amaca, come divinità Aryaman, entità protettrice. La terza infine (Seconda Rossa) ha come patrono Surya (il Sole), la divinità coniugale Bhaga, l'amaca e il giaciglio. Il Leone di Schiller era San Tommaso.

LMi – *Leo Minor.*

Nell'immediata prossimità del Leone, è una figura di Hevelius. La stella principale, 46LMi, non catalogata da Bayer si chiama appunto Praecipula. A questa piccola figura si pensa possa corrispondere la rappresentazione di un leone mesopotamico: Ur-Mah in sumerico, Neshu in accadico.

Sex – *Sestante.*

Strumento moderno di rilevamento nautico, anch'essa istituita nel Firmamentum Sobiescianum come Sextans Uraniae. Prima della sua pubblicazione, nel 1643 Antonio de Rheita aveva proposto di rappresentarlo come il Velo di Santa Veronica, ma la figura cedette il passo a quella ideata da Hevelius.

Vir – *Virgo (Παρτένον).*

La Vergine è la seconda costellazione del cielo per estensione, superata solo dall'Idra. Viene disegnata come una donna alata che stringe nella mano sinistra una spiga di grano (la α, Spica). Il mito della Vergine è forse nato tra il 6500 ed il 4400 A.C., quando il solstizio d'estate e quindi il periodo di raccolta del frumento coincideva con la levata eliaca della costellazione.
Veniva vista tipicamente come la Grande Madre Terra; in Grecia la Vergine era Dike, la dea della Giustizia. Esiodo la considerava figlia di Zeus e di Temi (la dea della giustizia come idea, non

come istituzione). In un'altra versione del mito, secondo Arato, era vista come Astrea, figlia di Astreo (il padre delle costellazioni) ed Eos (l'Aurora).

In Egitto invece si venerava una dea che teneva in braccio un fanciullo. Si tratta di Iside, sorella-consorte di Osiride che, dopo aver ricomposto il corpo straziato da Seth, gli aveva generato Horo. A questa figura, in base alle testimonianze di Eratostene e Avieno, verrebbe ricondotta la Vergine celeste. La Vergine fu identificata anche con Demetra (la Grande Madre che presiedeva all'eterno ciclo rigenerativo dei viventi) e con la figlia Persefone, rapita da Ade in Sicilia in un campo di fiori presso Enna, e condotta nel suo regno degli inferi. Ciò fece disperare la Madre, che ignorò la maturazione dei frutti sulla Terra dandosi alla ricerca della figlia. Zeus allora inviò Ermes (Mercurio) presso Ade affinché lo convincesse a liberare   temporaneamente Persefone. La legge divina, però, costringeva chiunque si fosse nutrito negli inferi e ne fosse uscito, a trascorrere una stagione l'anno nel regno sotterraneo: poichè Persefone aveva mangiato semi di melograno, fu sottomessa alla regola. Persefone scendeva perciò ogni anno negli inferi, simboleggiando il ciclo del grano che veniva sepolto sotto terra per poi rinascere a primavera come frumento. La spiga di grano era anche attributo di Demetra, la quale volle ricompensare Trittolemo, il giovane che le aveva rivelato l'identità del rapitore, con semi di grano, un aratro di legno ed un cocchio trainato da serpenti, inviandolo nel mondo ad insegnare l'agricoltura.

Per i Cinesi la Vergine era il capo con le corna del Drago (Long), il cui corpo si estendeva di seguito includendo le successive figure della Bilancia e dello Scorpione. Estendendosi per circa 75 gradi, la figura serviva da indicatore stagionale quando spariva a occidente col Sole, coricandosi orizzontalmente al tramonto in autunno. A fine stagione riemergeva invece quasi verticalmente all'alba, mostrando prima il capo e via via il resto del corpo. Su queste osservazioni erano stabilite precise ordinanze per l'amministrazione pubblica: quando all'alba si vedevano le Corna (Spica), terminavano le pioggie: manutenzione delle strade. Quando compariva la Radice del Cielo (tra Vergine e Bilancia), i fiumi si prosciugavano: manutenzione dei ponti. Quando compariva la Base (Bilancia), le piante perdevano le foglie: stivaggio dei raccolti. Quando compariva la Quadriga (Scorpione), veniva il gelo: preparazione delle pellicce. Quando compariva il Grande Fuoco (Antares), il vento limpido annunciava il freddo: riparazione delle mura e degli edifici. In corrispondenza dell'attuale Vergine, in Cina si collocavano le case lunari del capo del drago: le Corna e il Collo (Jiao, 角, e Kang, 亢) cui erano associati il Drago e il Coccodrillo, nonché la stazione di Giove Shouxing.

Per i Sumeri la Vergine è il Solco, Mul.Ab.Sìn, Ser'u in accadico.

La Vergine Araba (la Spiga, Sanabilah, اَلسَّنْبِلَة) ospitava le stazioni lunari al-Awwā (il Banditore, اَلْعَوَّاء) e as-Simāk (اَلسِّمَاك). La figura rientrava in buona parte del Leone; Al-Biruni la cita come il suo primo cucciolo.

Nell'Avesta la Vergine è la figura equivalente Khushak.

In India si colloca la stazione lunare Chitra (Brillante); il suo patrono è Mangala (Marte), la sua divinità Indra, re degli dèi, il suo simbolo un gioiello brillante o una perla.

Manilio associa alla Vergine Cerere e Vulcano. Secondo Schiller la Vergine è San Giacomo Minore.

Alla Vergine sono associate la terza o la nona carta dei tarocchi, l'Imperatrice oppure l'Eremita.

Lib – *Libra (Χίλαι)*.

La Bilancia è la sola figura zodiacale che non rappresenta un essere vivente, ma che inizialmente ne faceva parte. Era infatti in origine l'estremità anteriore dello Scorpione, tuttora in greco le sue Chele: le stelle più luminose α e β sono rispettivamente Zubenelgenubi (in arabo "estremità a sud") e Zubeneschamali ("estremità a nord"). Una volta separata dallo Scorpione, gli Arabi la riconobbero come bilancia (al-Mizan), e le due stelle divennero al-Kaffat Al-Genubi (Piatto australe) e al-Kaffa Al-Shamali (Piatto boreale). Mantenne tre delle cinque stazioni lunari che si susseguivano fino alla coda dello Scorpione: al-Ghafr (اَلْغَفْر), az-Zubānā (اَلْغَفْر), al-Iklīl (اَلْإِكْلِيل).

L'epoca e la modalità di separazione delle due figure sono incerte; nel I sec. A.C. Gemino la indicava come Zugos, quindi Cicerone come Jugum. Si ritrova come Libra all'epoca di Giulio Cesare, il quale, appassionato di astronomia, scrisse il trattato De Astris (perduto), e decretò la riforma del calendario. I Romani adottarono questa costellazione immaginando che Roma fosse stata fondata quando la Luna era in Bilancia. Fu anche naturale per loro accostarla alla vicina Vergine, cioè Diche o Astrea, la dea della Giustizia, che viene tipicamente rappresentata con la bilancia in mano.

Alcuni ritengono che il nome sia da attribuire all'equilibrio stagionale del segno zodiacale, poiché quando il Sole vi si trova è il solstizio d'autunno, e la durata del giorno e della notte si equivalgono. I Sumeri due millenni prima la chiamavano Zib.Ba.An.Na, cioè la Bilancia del cielo (Zibanitu in accadico), ed era associata a Sippar e Larsa.

Nell'Avesta è l'equivalente figura Tarazhuk.

In Cina la Bilancia, unitamente alle prime stelle dello Scorpione, era sede della casa lunare della Base (Di, 氐), associata al Tasso, nonché della stazione di Giove Dahuo.

In India la Bilancia è Vrishchika e rappresenta la stazione lunare Visakha ("Forcuta"), nota anche come Radha ("Dono"); il suo signore è Guru (Giove), le sue divinità Indra e Agni, i suoi simboli la ruota del vasaio e l'arco di trionfo.

Secondo Schiller, doveva rappresentare San Filippo.

Hya – *Hydra*.

Figlia di Tifone ed Echidna, era di guardia ai confini tra il mondo dei vivi e quello dei morti; è una delle fatiche di Ercole, che dovette decapitarla di tutte le teste che, recise, le ricrescevano. La α è al-Fard, in arabo più precisamente detta Unuq al-Shuja ("Collo dell'Idra").

È presente in Mesopotamia come Serpente: il sumerico Mush, l'accadico Mushussu ("Serpente Drago") o Bashmu ("Serpente Cornuto"); è Ningizzida, signore dell'oltremondo.

Nel mito vedico è il mostro Vritra, che verrà sottomesso dal dio solare Indra.

In Cina è invece l'Uccello Vermiglio dalle lunghe piume.

Nello zodiaco indù alcune stelle dell'Idra rientrano nel Cancro e rappresentano la stazione lunare Aslesha (l'Abbraccio); il patrono è Budha (mercurio), la divinità i Naga (serpenti), il simbolo un serpente.

In Cina sono assegnate all'Idra tre case lunari, il Salice, le Stelle e l'Estensione (Liu, 柳, Xing, 星, Zhang, 张), associate al Cervo, al Cavallo e al Bue, e la stazione di Giove Chunhuo.

Schiller rappresentò nella lunga figura il fiume Giordano.

Crv – *Corvus*.

Uccello incaricato del dio Apollo, viene raffigurato nell'intento di beccare l'Idra nei pressi del Cratere, altra costellazione, che rappresenta il recipiente che il dio consegnò all'uccello perchè gli fosse riempito d'acqua. Il volatile infatti, attardatosi nell'adempiere il suo compito, si giustificò al ritorno con l'essere stato impedito dall'Idra, cosicchè il dio per punirli li scagliò in cielo tutti e due.

Insieme al Cratere rappresentava un corvo anche in Mesopotamia: U-Nag.ga Hu o Dug.ga in sumerico, Aribu in accadico; era caro al dio delle tempeste Adad.

Era ugualmente unito al Cratere in Cina, ospitando le case lunari delle Ali e del Carro (Zhen, 珍), associata al Verme, e la stazione di Giove Chunwei.

Il Corvo indù (Kanya) corrisponde alla stazione lunare Hasta (la Mano), protetta da Chandra (Luna), dalla divinità solare Savitri, col simbolo di una mano o un polso.

Crt – *Crater.*

Piccola figura classica adiacente all'Idra e al Corvo, così disposti da Apollo perché l'uccello non si potesse abbeverare alla coppa (vedi Crv). In un'altro mito, era il vaso di bronzo in cui due figli di Poseidone, i giganti Aloadi Oto ed Efialte, tennero prigioniero Ares, sospetto di omicidio. Quando il dio riuscì a liberarsi, si vendicò su di loro e lanciò il vaso in cielo a monito della sua liberazione. Schiller riunì questa figura col vicino Corvo per raffigurare l'Arca dell'Alleanza.

In Cina si collocava la casa lunare delle Ali (Yi, 翼), associata al Serpente.

La Vergine (Urania's Mirror).

CrB – *Corona Borealis.*

Arianna, figlia di Minosse re di Creta, aveva assistito Teseo nell'uccisone del minotauro, un mostro mezzo uomo e mezzo toro, che soggiornava in un labirinto del palazzo reale a Cnosso. Teseo la portò quindi via con sé facendo rotta per Nasso, ma la abbandonò poi su un'isola. La giovane venne infine avvistata e soccorsa dal dio Dioniso, che per conquistarla le donò appunto una corona. La stella principale è Alfecca, dall'arabo al Faqqah, la Coppa, con la quale la costellazione era identificata. In Mesopotamia è la fecondazione, detta anche il Cerchio: Bal-Ur.a in sumerico, Kippatu in accadico. Secondo Schiller era la Corona di Spine.

Her – *Hercules.*

Figlio di Zeus ed Alcmena del lignaggio di Alceo, nativo di Tebe, che Era, consorte di Zeus, tentò di uccidere da piccolo con un serpente che fu invece strangolato dall'eroe. Nutrito poi dal latte stesso di Era, divenne appunto Eracle ("Gloria di Era"), semidio capostipite della stirpe degli Eraclidi. Grazie alla sua leggendaria forza superò le dodici fatiche che lo vedranno sconfiggere, fra le figure del firmamento, il Leone, l'Idra ed il Drago. Il compito gli fu assegnato dal re Euristeo e sarebbe servito, secondo l'oracolo di Delfi, ad espiare la strage della sua famiglia commessa in una crisi di follia. Tra le innumerevoli altre imprese di Ercole, si segnala il riscatto della principessa troiana Esione, figlia di Laomedonte e Strimo che, in conseguenza della loro empietà verso Poseidone, fu offerta in sacrificio ad un mostro marino che devastava le coste del regno. Ercole avvistò la fanciulla, incatenata nuda, e si offrì di riscattarla eliminando il mostro. Al suo sopraggiungere gli si gettò tra le fauci, dopodichè lo uccise sviscerandolo dall'interno. Esione andò in sposa non all'eroe ma a Telamone; la vicenda presenta peraltro una stretta analogia a quella più nota, e rappresentata in cielo, di Perseo e Andromeda.
In origine, ed ancora in seguito come è descritto da Eudosso, è genericamente indicato come "Engonasin", l'Inginocchiato, orientato col capo a sud. Stesso significato è espresso in arabo con al-Ghati al-Rukbateh; la α è Ras Algheti. Secondo G. Vanin, è del tutto plausibile che questa figura in ginocchio si riferisse originariamente al titano Atlante. Dubitativa è la possibile origine del nome Eracle dalla divinità sumerica Erragal, forse corrispondente a parte della Lira; più certa è la rappresentazione in forma di un cane, Ur-ku in sumerico, Kalbu in accadico.

Alcune stelle occidentali erano la parte centrale di un allineamento, che si estendeva fino a Boote e al Drago, in cui i Cinesi figuravano una fila di Sette Duchi.
Schiller sostituì Ercole coi Re Magi.

Lyr – *Lyra*.

Lo strumento inventato dal dio Ermes infante; l'veva costruita da un guscio di tartaruga e tre corde in budello, e donata poi ad Apollo che ne aggiunse altre quattro. Questi la donò a sua volta ad Orfeo, il più famoso musicista mai vissuto, figlio di Calliope e allievo delle Muse; in onore al loro numero aggiunse ancora due corde portandole a nove. La suonava con insuperata bravura e la usò per aprirsi la strada nell'oltretomba, incantando Ade e i guardiani degli inferi, alla ricerca di Euridice. La α della Lira è Vega, dall'arabo al Nasr al Waqi, "aquila piombante", con la quale gli arabi identificavano tradizionalmente la figura. Altre immagini note agli Arabi sono un treppiede (al Atafi), e secondo Al-Sūfī anche una tartaruga (al-Sulahfat) o un'anatra (al-Wazza), ma in ultimo anch'essi, assecondando la tradizione greca, videro ugualmente in quel gruppo di stelle una lira. β Lyrae (nota variabile a eclissi) si chiama infatti Sheliak: "arpa".
È una capra in Mesopotamia, sia in sumerico come Mul.Uz, che in accadico, Enzu; è anche detta Gasan Din, "maestra di vita", in riferimento alla dea Gula (Vega). A questa sono associate altre due divinità, Nin-sar e Ira-gal, corrispondenti alle stelle η e ϑ.
Benchè lontana dallo zodiaco, Vega rappresenta una stazione lunare indù: Abhijit ("Vittorioso"), sotto il patrocinio di Brahma. Di essa si parla in un passo del Mahabarata, in cui Indra dice a Skanda che in tempi lontani Abhijit è "scivolata in basso" nel cielo, mentre le sorelle minori di Rohini (le Pleiadi) avevano raggiunto i luoghi "delle acque". P.V. Vartak ne dà una possibile interpretazione in termini precessionali, ipotizzando osservazioni millenarie della posizione stagionale delle Pleiadi al solstizio estivo, l'epoca monsonica, e del passaggio sempre più stretto di Vega presso il polo celeste Nord nel corso dei millenni, per poi allontanarsene sempre più vistosamente dal XIV sec. A.C. in poi.

Si tratterebbe allora della più antica osservazione del ciclo precessionale, che si ripete in circa 26mila anni e riporterà Vega in posizione polare intorno al 14000.

Vega è la Tessitrice dei Cinesi, Zhinu, figlia o nipote del Cielo, separata dal Fiume Celeste dal suo fidanzato il Pastore di buoi, Niulang (Altair). Il Giappone ha ereditato la festività cinese Qīxī facendone la Tanabata ("settima notte"), che originariamente ricorreva la settima notte del settimo mese del calendario lunisolare, identificando Vega e Altair rispettivamente con Orihime e Hikoboshi. Secondo la storia, i due amanti possono ricongiungersi ogni anno quando uno stormo di cornacchie offre loro un passaggio attraversando il fiume. La festività venne adottata in Giappone nel sec. VIII e gode tuttora di grande popolarità; dal 1873, con l'adozione del calendario gregoriano, è svincolata dal ciclo lunisolare e fissata in quasi tutto il Paese il 7 luglio.

Schiller collocò nella Lira la Mangiatoia, ignorandone la preesistente tradizione che la collocava nel Cancro.

Cyg – *Cygnus.*

Noto anche come Croce del Nord (Croce di Cristo nella riforma cristiana di Schiller), il Cigno è sacro alla dea Afrodite, o a o Zeus che per conquistare Leda si mutò in esso. In altra vicenda è l'uccello che tentò di salvare Fetonte, figlio di Apollo, che un giorno si era appropriato del carro solare di Apollo. Zeus per fermarlo lo precipitò nel fiume Eridano, dove il Cigno tentò inutilmente di salvarlo. Il re degli dèi, in riconoscimento della sua bontà, portò il volatile in cielo immortalandolo.

Nella tradizione arabica antica, le stelle orientali della Croce sono un gruppo di cavalieri: le β, γ, δ ed ε senza particolari attributi (al Fawaris), la α è il cavaliere che segue (al Ridf o al Radif); in seguito la figura è invece quella di un pollo e la α, Deneb, deriva da Danab al-Dajaja (la Coda del Pollo). Erroneo è invece il nome della β, Albireo, da un malinteso "ab ireo" medievale. Per i Sumeri il Cigno è una pantera, Ud Ka-Du.a, estesa fino a una parte di Andromeda e Pegaso. In Cina l'ala meridionale, parte di quella settentrionale col petto e la coda, erano un guado attraverso il Fiume Celeste (la Via Lattea).

Aql – *Aquila*.

Per i greci era l'uccello sacro a Zeus, che in esso si mutò svariate volte per portare a termine le sue personali imprese. Nel cielo di Tolomeo, una sua porzione meridionale fu scorporata andando a costituire una piccola figura in onore di Antinoo, favorito dell'imperatore Adriano morto annegato nel Nilo. È tuttora ricordata in alcune mappe moderne, benchè decaduta e restituita ai confini tradizionali dell'Aquila.

È anche l'aquila della leggenda persiana del sultano Schemiram, al quale donò dei semi sconosciuti, in cambio della liberazione da un serpente che la stava strangolando. Il sovrano li fece piantare, dopodichè lasciò fermentare i chicchi che la pianta aveva prodotto. Venne così scoperta la vite e la possibilità di ottenerne il vino.

La α, Altair, è indicata compiutamente in arabo come al Nasr al Ta'ir, Aquila in volo; stesso nome indicava la costellazione nel suo complesso, insieme all'equivalente al-Uqab.

Stessa figura era rappresentata in Mesopotamia: Id Hu in sumerico, Nashru in accadico. Fu l'aquila che si offrì di portare l'eroe babilonese Etana, mitico re di Kish, in volo sopra le vette, alla ricerca di Ishtar e di un'erba medica (l'Arnica montana), impresa rocambolesca che finì male per entrambi. Considerata l'epoca, il resoconto del volo è una descrizione rarissima e fantastica della terra dal cielo, con ugualmente rari accenni all'attraversamento delle diverse porte celesti.

In India ospita una delle stazioni lunari, nonostante la distanza dallo zodiaco; è Shrona, cui sono associati il nume lunare Chandra come patrono, il dio Vishnu, e i simboli dell'orecchio e di tre impronte di piedi. In Cina e Giappone Altair è un pastore di buoi, fidanzato di una tessitrice e da lei separato dalla Via Lattea (Vega, vedi Lyra).

Schiller vi collocò Santa Caterina.

All'Aquila è associata la sesta carta dei tarocchi, gli Amanti.

Sgt – *Sagitta.*

È il dardo che Apollo scagliò contro i Ciclopi per vendicarsi della morte del figlio Esculapio (vedi Ofiuco). Al-Sahm è la Freccia in arabo, e la α è la sua punta, Nasl al-Sahm.

Del – *Delphinus.*

I greci lo citano come l'animale che aiutò Arione, un poeta greco che era stato inviato in Italia dal suo sovrano, il re di Corinto. Durante il viaggio egli venne derubato e gettato in mare dall'equipaggio e si salvò solo grazie all'intervento del delfino, che portandolo in groppa lo trasse in salvo. In un'altra tradizione, rappresenta Tritone, uno dei figli di Poseidone, collocato tra le stelle da Zeus per la sua fedeltà nella lotta contro i Titani. Viene altrimenti considerato come messaggero di fiducia di Poseidone, e collocato in cielo da questi per i suoi servigi. Alla α e alla β sono stati assegnati i soli nomi moderni tuttora riconosciuti per una stella, rispettivamente Sualocin e Rotanev. Si tratta di una burla dell'astronomo Schiaparelli verso il suo assistente Niccolò Cacciatori, il cui nome fu tradotto in latino (Nicolaus Venator), e rovesciato per simularne un'origine esotica.

Benchè piccola, la costellazione fu divisa in due dai Cinesi, che videro una Zucca buona nella parte settentrionale, e una Zucca marcia in quella meridionale.

Anche se estranea alla fascia zodiacale, corrisponde alla stazione lunare indù Shravishta ("Celebre" o anche "Rapida"); il suo patrono è Mangala (Marte), le sue divinità associate sono gli otto vasi simbolo di abbondanza terrena, i suoi simboli il flauto o il tamburo.

Schiller riunì il Delfino e il Cavallino per farne la Giara di Cana e la Rosa Mistica.

Vul – *Vulpecula.*

Ideata da Hevelius; originariamente azzannava un'oca (Vulpecula et Anser), quest'ultima omessa nelle mappe successive.

Sct – *Scutum.*

È un'istituzione del Firmamentum Sobiescianum di Hevelius, come Scutum Sobiesii (1687). È l'unica costellazione precisamente legata ad un personaggio storico: il re di Polonia Jan Sobieski, liberatore di Vienna dall'assedio dei Turchi nel 1683.

Oph – *Ophiucu*s, Ser – *Serpens.*

Per i greci era il Serpentario, una costellazione che comprendeva quelle attuali di Ofiuco e quelle adiacenti delle Testa e Coda di serpente (Serpens Caput ad occidente, Serpens Cauda ad oriente). Il complesso include il solo esempio in cielo di una figura intersecata ad un'altra, che la sostiene. Rappresentava Esculapio (Asclepio), allevato e istruito dal Centauro Chirone e diventato nume della medicina, che impugna il simbolo di quest'ultima: il serpente. Il legame tra le due figure sta nelle capacità rigenerative tradizionalmente attribuite ai serpenti; nella leggenda un serpente ne avrebbe resuscitato un altro, ucciso da Esculapio, medicandolo con un'erba. Dopo questa osservazione Esculapio avrebbe poi rianimato con lo stesso rimedio (forse il vischio) Glauco, figlio di Minosse, Ippolito figlio di Teseo e forse Orione. Zeus tuttavia folgorò Esculapio, ritenendo illecito il dono dell'immortalità che in tal modo avrebbe diffuso tra gli uomini. Apollo lo vendicò uccidendo tre dei ciclopi che fornivano le folgori a Zeus (vedi Sagitta). Quanto al serpente, la capacità di cambiare pelle periodicamente veniva vista come un processo incessante di rinascita, facendone un animale tipicamente associato alla scienza medica.
Una raffigurazione araba del complesso lo rappresenta come un pastore col cane al seguito. I Sumeri vi hanno collocato Zababa ,

nume tutelare della città di Kish, e conosciuto come dio della guerra anche dagli Ittiti, in accadico come Zamama.

Passando tra lo Scorpione e il Sagittario, il Sole transita in Ofiuco e Serpente, ma tradizionalmente non è loro assegnato nessuno specifico segno astrologico. In Cina Ofiuco e una pozione di Ercole rappresentano un Mercato Celeste (Tianshi). Tra Ofiuco e Sagittario, una serie di otto deboli stelle (Tianyue) collocate precisamente sull'eclittica rappresentava una sorta di buco di serratura attraverso il quale ogni anno il Sole deve transitare; era diametralmente contrapposto ad un analogo passaggio (Tianguan) nel Toro. La α, Rasalhague (capo del serpentario in arabo) era il cinese Hou, assistente capo dell'imperatore.

Schiller disegnò nell'Ofiuco e nel Serpente le figure di San Benedetto e il Cespuglio di spine.

Sco – *Scorpio (Σκορπιον).*

Originariamente lo Scorpione era più esteso nel cielo e comprendeva, considerate come Chelae, anche le stelle dell'attuale Bilancia: solo nel primo secolo A.C. i Romani diedero spazio a quest'ultima, separandone le stelle. La α è Antares, termine greco da "anti" e "Ares", quindi "in opposizione a Marte", per il suo colore rosso che rivaleggia col pianeta. La β si chiama invece Graffias, "Chele" in latino, oppure Acrab, "scorpione" in arabo. La stella alla punta della costellazione è Shaula (da al-Shawla, coda a uncino).

La storia classica dello Scorpione è sempre legata alle vicende di Orione il cacciatore. Arato ed Eratostene narrano di uno scorpione che venne inviato da Artemide (Diana) per uccidere Orione, reo di aver tentato di abusarne. Lo stesso Eratostene però riferisce un'altra storia, secondo la quale Orione venne punito con lo scorpione sempre da Artemide, ma perché aveva osato vantarsi delle sue prede di caccia proprio in sua presenza. La relazione Scorpione-Orione è di opposizione: mentre uno sorge, l'altro tramonta. Ciò rappresenta visualmente l'eterna fuga del cacciatore nel cielo all'apparire del rivale.

I Sumeri riconoscevano questa costellazione come Mul.Gir.Tab, animale con aculeo. Nel mito mesopotamico, gli uomini-scorpione sono di guardia alla porta dell'oltremondo, sovente identificato in cielo con la traccia della Via Lattea; lo Scorpione zodiacale, che si trova nel pieno della Via Lattea centrale, rappresenterebbe quindi un luogo di transito delle anime nell'aldilà. È sacro a Ishara, divinità di origine imprecisata legata all'oltremondo, ma alla quale erano anche attribuiti poteri gi guarigione. Secondo Allen, altri titoli babilonesi per lo Scorpione sarebbero Bilu-sha-ziri (Signore delle Sementi), Lugal Tudda (Re dei Lampi), e Kakkab Bir è la Stella Vermiglio (Antares). Il nome accadico della figura è Zuqaqipu. Era associato a Dilmun, nell'attuale isola di Barhein, e Borsippa, città satellite di Babilonia.

Secondo tavolette persiane da Susa, la figura è indicata come "Akrabu" ed era associata all'ottavo mese dell'anno, Arah Shamna; altro nome persiano era Kazhdum (scorpione o mostro-scorpione). Nell'Avesta è la figura equivalente Gazdum.

Il nome turco Uzun Koirughi starebbe per "dalla lunga coda".

L'autore ebreo Aben Ezra nel XII sec. identifica la figura con l'ebraica Kesil, un emblema tribale rappresentato come serpente coronato o basilisco; altri ipotizzano però che il nome si riferisse a Merodach (Marduk) e alla figura di Orione.

Lo Scorpione arabo (Akrab/Aqrab, اَلْعَقْرَب) includeva tradizionalmente la Bilancia; la α è il Cuore dello scorpione (al Kalb al Akrab). Al-Sūfī riporta i medesimi nomi per una serie di tre stelle della fronte, al-Iklil, delle quali le due più settentrionali sono oggi indicate come Graffias e Dschubba; altro nome collettivo di al-Fiqra per una serie di otto stelle che rappresentano altrettante vertebre o segmenti della lunga coda ricurva, che termina con Shaula (da al-Shawla, "pungiglione", detta anche al-Ibra, "aculeo"). Nelle immediate prossimità Tolomeo indicava una imprecisata "stella nebulosa" che Al-Sūfī confermò, e che potrebbe corrispondere all'ammasso M7 o eventualmente alla vicina stella HR6630. La figura includeva le stazioni lunari del Cuore e del Pungiglione (al-Kalb, أَلْقَلْب e al-Shawla, أَلشَّوْلَة).

Secondo V. von Hagen, l'appellativo Maya "Zinaan ek" era riferito a queste stelle pure come Scorpione; anche l'azteco Colotl Ixayac indica uno scorpione.

Nella Cina antica la figura era la coda di un Drago molto esteso (Long), il quale abbracciava anche la Bilancia e la Vergine, che ne rappresentavano il corpo, il capo e le corna. A seconda della porzione che progressivamente si vedeva sorgere all'alba, misurava il procedere della stagione fredda (vedi Vir.). Antares era definita il Grande Fuoco. Unitamente alle prime stelle del Sagittario, ospitava le case lunari della Stanza, Cuore e Coda (Fang, 房, Xin, 心, e Wei, 尾) associate alla Lepre, Volpe e Tigre, nonché la stazione di Giove Ximu.

In India vi si sovrappongono tre stazioni lunari. Nell'ordine: Anuradha ("successiva a Radha", vedi Bilancia); il patrono è Shani (Saturno), la divinità associata è Mitra, i simboli il loto e l'arco di trionfo. Segue Jyeshtha ("Venerabile, Anziano"), nota anche come Rohini ("Rossa", vedi Regolo); il patrono è Budha (Mercurio), la divinità Indra, i simboli l'ombrello, gli orecchini e gli ornamenti circolari. Infine Vichrita ("Radice"); patrono Ketu, nodo discendente e divinità gli Antenati, i simboli un fascio di radici legate e la punta della coda di elefante.

Manilio associa allo Scorpione Marte; lo Scorpione di Schiller era San Bartolomeo.

Ad esso corrisponde la sedicesima carta dei tarocchi, la Torre.

Sgr – *Sagittarius (Τοξοτήν).*

La costellazione del Sagittario è disegnata come un centauro arciere. È rappresentato munito di mantello e di arco puntato verso lo Scorpione, senza peraltro alcuna relazione chiara con questo. Alcuni ritenevano tale costellazione scissa tra l'arciere e il suo arco, altri addirittura la confondevano con quella, ben distinta, del Centauro vero e proprio, che raffigura il ben noto Chirone.

La α Sagittarii viene chiamata Rukbat oppure Al-Rami, che insieme significano in arabo "ginocchio dell'arciere". La stella all'estremo occidentale è Alnasl, in arabo "la punta" della freccia.

L'arco è composto dalle stelle Kaus ("arco" in arabo) Media, Kaus Australis e Kaus Borealis.

Ovidio parla di Thessalicae Sagitta, in riferimento alla leggenda che vuole la Tessaglia come terra d'origine dei centauri.

Il Sagittario degli Arabi, (i-Qaws, اَلْقَوْس), è sede delle stazioni lunari al Na'āim (اَلنَّعَائِم) e al-Baldah (اَلْبَلْدَة); videro anche un gruppo sparpagliato di struzzi, che andavano al fiume della Via Lattea ad abbeverarsi o ne ritornavano, e alcune sue stelle erano il loro nido con le uova.

Notevole il nome della σ Sagittarii, chiamata Nunki dai babilonesi e che per loro rappresentava Eridu sull'Eufrate, la città sacra di Ea, divinità delle costellazioni australi: potrebbe trattarsi del nome di stella più antico conosciuto.

È una costellazione tipicamente derivante dalla commistione della sua origine sumerica con l'elaborazione greca. Eratostene ed Igino la vedevano come un satiro, una divinità minore con fattezze umane, ma con orecchie, gambe e coda caprine. Si trattava di Croto, figlio di Eufeme, la nutrice delle nove Muse figlie di Mnemosine e Zeus. Egli inventò l'arco e le frecce ed era sempre in compagnia delle Muse che allietavano le sue orecchie dei loro canti melodiosi. Le Muse furono così felici dei suoi apprezzamenti che chiesero a Zeus di metterlo in eterno nel cielo.

Manilio associa al Sagittario Diana.

Per i Cinesi l'asterismo è il Cesto oppure Mestolo Australe, in contrapposizione a quello boreale (il Grande Carro). Rappresentando uno degli incroci tra zodiaco e Via Lattea, era anche chiamato Porta della Capitale Celeste e alcune delle sue stelle erano la Bandiera Celeste. Nelle sue stelle più australi si rappresentavano Nove Pozzi. Ospita le case lunari del Setaccio e Mestolo Australe (Ji, 箕 e Dou, 斗), associate al Leopardo e Unicorno.

In sumerico e in accadico è (Mul.)Pa.Bil.Sag., il Presbiterio; era associato a Marad, Babilonia e l'Elam.

Nell'Avesta è Nimasp, il Sagittario o Centauro.

In India è Dhanus e ospita due stazioni lunari. Nell'ordine: Purva Ashada ("Prima Ashada", l'Invincibile); patrono è Shukra, associato il dio delle acque Apah, simboli le zanne di elefante e il setaccio. Quindi Uttara Ashada ("Seconda Invincibile"); patrono è Surya, associate le divinità collettive Visvedavas, simboli le zanne d'elefante e il giaciglio.

Secondo Schiller il Sagittario era San Matteo Evangelista.

Al Sagittario corrispondono la sesta o la quattordicesima carta dei tarocchi, gli Amanti oppure la Temperanza.

Cap – *Capricornus (Αιγόκερων)*.

In epoca tolemaica al solstizio d'inverno, il Sole si trovava nella costellazione del Capricorno e, al tropico meridionale, raggiungeva a mezzodì il punto più alto nel cielo (zenith): per questo il tropico venne chiamato "del Capricorno" (oggi la precessione ha spostato il solstizio nel Sagittario). La figura tradizionale araba è quella di una capra (al-Jiddī, ٱلْجَدْي). La α capricornii, corrispondente alla testa, è Ras Al Gedi o Giadi, da ras al-Jadi, "capo del capretto"; la δ è Deneb Algedi, "coda di capretto". Vi sono situate le tree stazioni lunari ad-Dhabih (ٱلذَّابِح), al-Bul'a (ٱلْبُلَع) e as-Su'ud (ٱلسُّعُود).

È una figura di origine indubbiamente sumerica che rappresentava una bizzarra creatura dalla testa, zampe anteriori e busto di capra, e la coda di pesce.

Per i Greci si trattava di Pan, dio della campagna. Originariamente egli aveva tutte le quattro zampe di capra e si dilettava a dar la caccia alle donne ed a sonnecchiare. Il suo urlo era tanto forte da incutere terrore, ed è da questo che discende la parola "panico". Un giorno tentò di acchiappare una ninfa, ma questa si trasformò in un gruppo di canne che al soffiare del vento emettevano un suono talmente delizioso che il dio, riunendone alcune di diversa lunghezza, formò la nota siringa, o flauto di Pan. Ci sono tre interpretazioni sulla mutazione del suo aspetto: secondo Eratostene aiutò gli dei nella lotta contro i Titani, soffiando su una conchiglia e quindi mettendoli in fuga. A causa della conchiglia la sua parte posteriore si sarebbe tramutata in coda di pesce. Secondo Igino, invece, la mutazione sarebbe dovuta al fatto che il dio lanciò contro i nemici dei crostacei, ma è un'idea meno accreditata.

Secondo un'altra storia, Pan aiutò una seconda volta gli dei quando Gea (la Madre Terra) mandò contro di loro il mostro Tifone: il dio in un primo momento suggerì agli altri dei di mutarsi in animali per ingannarlo. Lui stesso si rifugiò in un fiume e trasformò la sua parte posteriore in pesce. Zeus affrontò Tifone ma fu catturato e perse i nervi delle gambe, che gli furono restituiti proprio da Pan ed Ermes: egli dunque poté riprendere la lotta e riuscì a folgorare il mostro, che venne infine imprigionato nel Monte Etna, le cui eruzioni erano considerate i suoi respiri. Zeus in memoria del suo aiuo immortalò Pan in cielo.

Per i Romani era un segno di buon auspicio in quanto corrispondente ai natali di Cesare e Vespasiano; era sotto l'influenza di Vortumnia (Fortuna); Manilio vi associa Vesta.

In Mesopotamia è sia una capra (sumerico Uz), sia una barca sacra (Ma-Gur in sumerico, Maquru in accadico). Nell'Avesta è Vahik, l'equivalente della prima.

In Cina fu visto come Guardiano di buoi per offerte sacrificali. Ospitava la casa lunare del Bovaro (Niu, 牛), associata al Bufalo, e la stazione di Giove Xingji.

Il Capricorno di Schiller era San Simone.

Ad esso sono associate la decima o la quindicesima carta dei tarocchi, la Ruota della Fortuna o il Diavolo.

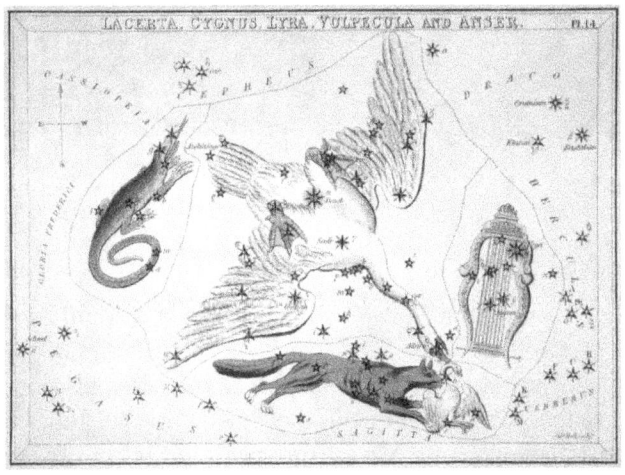

Cigno, Lira, Volpetta e Lucertola (Urania's Mirror).

Costellazioni Australi

Car - *Carina*, Pup – *Puppis*, Vel – *Vela*; la *Nave di Argo*.

Fra le poche costellazioni australi ben note ai popoli del mediterraneo, che inizialmente le raffiguravano tutte assieme nella costellazione della Nave Argo, poi suddivisa nelle tre attuali da Nicholas Louis de LaCaille e così raffigurate nel suo Coelum Australe Stelliferum. Costruita con il legno sacro agli dei, nel mito più popolare era l'imbarcazione con la quale partirono Giasone e gli Argonauti alla ricerca del vello d'oro.

L'idea di una nave è comunque più antica e presente anche in Egitto: è l'arca di Iside e Osiride nel diluvio; analogamente in India è l'imbarcazione di Isi e Iswara, denominata Argha.

Include la seconda stella più luminosa del firmamento: la α, Canopo, dal nome di un capitano della flotta di Menelao, Kanobus. Al ritorno dalla guerra di Troia la flotta fu dirottata in Egitto da una tempesta, e qui egli perì per il morso di un serpente. Fu sepolto solennemente da Elena in un mausoleo, attorno al quale crebbe la città di Canopo (attualmente Abukir).

In arabo è Suhail, amante maldestro della donna identificata in Orione; avendole causato la rottura della schiena, si diede alla fuga nel cielo australe.

Nella Poppa in Mesopotamia si vedeva un rene (Bir in sumerico, Kalitum in accadico); nella Carena e nelle Vele la dea Madre Nin-Mah. Tuttavia nel MUL.APIN è menzionata una nave o arca celeste, "Makurru", la cui prua era tronca, di problematica localizzazione. Eratostene riferisce nei Catasterismi che una barca, a sud del Sagittario, fu poi sostituita dalla Corona Australe; di essa in epoca successiva si trova ancora traccia nel planisfero di Dendera, ai piedi del Centauro Arciere. La Nave Argo potrebbe essere la rivisitazione greca dell'arca sumerica in una diversa regione del cielo australe, ereditandone l'enigmatica mancanza della prua. Newton fece notare che molte costellazioni zodiacali, quali Ariete, Toro, Gemelli, Leone, Vergine, Bilancia, Acquario, Arciere e Capricorno, rimandano a soggetti del mito degli Argonauti, sicchè lo zodiaco in una qualche epoca potrebbe anche aver rappresentato nel firmamento questo viaggio.

In Cina Canopo era il Vecchio del Culmine Australe, posto ai limiti meridionali di visibilità sull'orizzonte di quelle latitudini.

Nello stesso insieme di figure i Cinesi raffiguravano anche un altare celeste (Tianshe), come pure un deposito di strumenti musicali (Qifu), entrambi di problematica identificazione, in buona parte sovrapposto anche al Centauro.

Gli Egizi vi collocarono il secondo e terzo decano, entrambi raffiguranti vacche o loro parti. Schiller identificò la Nave con l'Arca di Noè, che gli Arabi vedevano talvolta nel Grande Carro.

Cen – *Centaurus.*

Guerriero mezzo uomo e mezzo cavallo, è il saggio centauro Chirone e viene raffigurato con una sua preda, il Lupo. Nel Centauro gli Egizi collocarono almeno due dei loro decani, il nono e decimo, identificando probabilmente Toliman (α) come "stella del Saggio". Il Centauro arabo è la corrispondente figura Qanturis. In sumerico è Mul.En.Te.Na.Bar.Guz, in accadico Habasiranu, il Cinghiale. Vi furono rappresentati una scimmia così come pure una coppia di divinità, Sullat e Hanish, corrispondenti ad α e β.
Nelle stesse stelle Schiller rappresentò la coppia Abramo e Isacco.

Lup - *Lupus.*

Un animale selvatico non meglio specificato, noto ai Greci genericamente come Therium e ai Romani come Bestia. Era Ur-Irdim, cane o generico animale selvatico, per i Babilonesi. Secondo Eratostene, il Centauro con la sua lancia lo trascina all'altare sacrificale dell' Ara. Per gli Arabi era una belva imprecisata (al-Sabu); al-Marrakushi lo raffigura invece come un ghepardo (al-Fahd); l'identificazione con un lupo è rinascimentale.

Cru – *Crux.*

La Croce del Sud viene menzionata per la prima volta in Occidente da Dante Alighieri, che non l'aveva osservata, ma la conosceva attraverso descrizioni probabilmente arabe. Secondo Plinio, rappresentava il Trono di Cesare alla conquista dell'Egitto. Nei primi del '500 viene descritta nuovamente da Corsali, Pigafetta e Vespucci, ma fu posizionata correttamente soltanto a fine secolo da Plancius, per entrare infine nell'Uranometria di Bayer. I navigatori Arabi la chiamavano Salib al-Qutb, Croce del

Polo, in quanto l'asse maggiore indica, in secoli recenti, il polo celeste sud.

Gli Egizi la identificavano come l'ottavo dei 36 decani: i Gemelli e le due Incinte. La α per i Sumeri era Gish Gan-Uru, tentativamente interpretata come un erpice.

In Cina le sue stelle insieme ad alcune del Centauro costituivano la Torre e l'Arsenale Celeste.

I Borong indonesiani la descrivevano come un opossum.

TrA – *Triangulum Australe*.

Introdotta da Pieter Dirkszoon Keyser e Frederick de Houtman, è stata talvolta erroneamente disegnata come una livella.

Ara – *Ara*.

Secondo Eratostene e Manilio, l'Altare è quello davanti al quale gli dèi consacrarono la loro alleanza prima di intraprendere la lotta contro i Titani. Crono a quell'epoca governava il cosmo, avendo spodestato il padre Urano, e divorando uno per uno i figli generatigli da Rea per evitare di subire la stessa sorte del padre. Zeus però, sopravvissuto, glie li fece sputare vivi e lo affrontò in una battaglia che infuriò per dieci anni. L'Altare fu da lui collocato in cielo per celebrare la vittoria finale su Crono e i Titani; è di qui che si levano i vapori luminosi che dall'orizzonte australe si innalzano alle stelle come Via Lattea. Nell'Uranometria di Bayer è però rovesciato verso sud, ed incoerente con tale scenario. Viene anche presentato come altare sacrificale verso il quale il Centauro trascina il Lupo catturato.

Per i Sumeri è Nu-Mush-da, un piccolo quadrupede. In Cina era una tartaruga nel fiume della Via Lattea; in alcune sue stelle si figurava un pestello (Chu) per rimuovere la lolla del riso.

Nel cielo di Schiller era associata alla Corona Australe e rappresentava l'Altare dell'incenso con la Corona di re Salomone.

Pav – *Pavo*.

La costellazione fu introdotta da Keiser e de Houtman, compare per la prima volta nell'Uranometria di Bayer, ed è abbastanza estesa: sarebbe il pavone sacro ad Hera che sta facendo la ruota, con i molti occhi sulle penne. Si ispira probabilmente al grande pavone multicolore di Giava, da loro osservato.
Schiller lo riunì all'Indiano per farne Giobbe.

Ind – *Indus*.

Ideata da Keyser e Houtman; è un Indio armato per la caccia, situato fra Tucano, Gru e Pavone.

Gru – *Grus*.

Di Keyser e De Houtman, priva di riferimenti mitologici, è stata anche disegnata come Fenicottero e Airone in alcune mappe dell'epoca.
Schiller la riunì alla Fenice e vi raffigurò Aaron.

Phe – *Phoenix*.

La mitica Fenice è la più estesa delle costellazioni ideate da Keiser e de Houtman, e che come le altre compare nel globo di Plancius e nell'Uranometria di Bayer. A quell'epoca si riteneva che l'uccello del mito potesse corrispondere all'Uccello del Paradiso; si ignorava anche probabilmente che gli Arabi avevano già raffigurato nelle medesime stelle una barca ("Zaurac").
In Cina la stella principale, ed alcune in prossimità, erano viste come una rete per uccellagione.

Ret – *Reticulum.*

Figura minore introdotta da LaCaille in sostituzione di un precedente disegno del '600 di Isaac Habrecht, il Rombo; è il reticolo per le misure all'oculare del telescopio.

Scl – *Sculptor.*

Altra figura minore da LaCaille col nome originale di Apparatus Sculptoris, Atlier du Sculpteur; rappresenta il tavolo dello scultore, con una testa di marmo e utensili di lavoro.

Tel – *Telescopium.*

Di LaCaille, in onore dello strumento che con Galileo aveva rivoluzionato l'astronomia; venne ridimensionata da Baily e Gould.

Tuc – *Tucana.*

Disegnata da Keyser e de Houtman, ospita la Piccola Nube di Magellano (vedi Dorado).

Vol – *Volans.*

Il Pesce volante, introdotto da Keyser e de Houtman come Piscis Volans, quindi ridotto a Volans su proposta di John Herschel. Balza fuor d'acqua inseguito dal predatore Dorado. Nelle Tavole Rudolfine di Keplero figurava il Passero.

Ant – *Antlia.*

Ancora di LaCaille, è la Macchina Pneumatica (Machine Pneumatique, Antlia Pneumatica). Raffigura una pompa ad aria a pistoni, ma il termine antlia si riferisce a più semplici dispositivi di pompaggio dell'acqua di sentina delle navi.

Aps – *Apus.*

L'Uccello del Paradiso, di Keyser e De Houtman, ispirati dall'animale osservato in Nuova Guinea. Si tratta della Paradisaea Apoda, così detta nella credenza che, priva di zampe, vivesse eternamente in cielo. Comparve nell'Uranometria di Bayer col nome di Apis Indica.

Cae – *Caelum.*

Il minuscolo Bulino è lo strumento dell'incisore; fu introdotto da Nicholas Louis de LaCaille, nel corso delle sue osservazioni in Sudafrica. Caelum in latino significa sia cielo che cesello (radice indoeuropea kae-id); dalla prima accezione deriva "ceruleo" e dalla seconda "incisione".

Cha – *Chamaleon.*

Talvolta attribuita a Bayer, il Camaleonte ("Leone di Terra") fu un'idea di Keyser e De Houtman, ispirati dalle osservazioni naturalistiche in Madagascar.
Schiller la combinò col Triangolo Australe e l'Uccello del Paradiso per ricavarne la figura di Eva e della lettera Tau.

CrA – *Corona Australis*.

Ai piedi del Sagittario, la Corona Australe è menzionata la prima volta da Gemino nelle Isagoghe come Notios Stephanos (corona del sud), e compare già nell'Atlante Farnese. È anche nota come Corona Sagittarii e Corona Centauri, nel caso adornandone le corrispondenti figure. Talvolta nota come Rota Ixionis; viene descritta da Al-Sūfī come Tartaruga (al Kubbah), e allo stesso modo indipendentemente in Cina (Bie), una tartaruga in riva alla Via Lattea. Poco distante i Cinesi vedevano una seconda tartaruga (Gui), corrispondente all'Ara.

Dor – *Dorado*.

Ideato da Keyser e De Houtman, è il pesce predatore tropicale Coryphaena Hippurus, da non confondere col Pesce Dorato dei comuni acquari. Venne visto cacciare il Pesce Volante, e pertanto fu collocato in cielo in coda alla figura del Volans. È anche descritto come Xiphias (un pesce spada), e rappresentato come tale nell'Uranografia di Bode del 1801.
Vi si trova buona parte della Grande Nube di Magellano (Nubecola Maior), che Al-Sūfī descrisse come Al Bakr, "Bufalo Bianco", e fu menzionata poi dal navigatore arabo Ibn-Majed nel '400. In Occidente fu segnalata più precisamente da Vespucci (1503-1504) e Anghieri (1510), che comunque riferisce come risultasse già nota ai naviganti portoghesi molto prima di Magellano.
Schiller la riunì al pesce Volante e vi raffigurò Abele.

For – *Fornax*.

Proposta da LaCaille originariamente col nome di Fornax Chimiae, in omaggio alle ricerche dell'amico Lavoisier. Compare col nome di Apparatus Chemicus in Bode.

Hyd – *Hydrus.*

L'Idra Maschio è la controparte minore dell'Idra, nell'emisfero australe, che si snoda fra la Piccola e la Grande Nube di Magellano. Introdotta da Keyser e De Houtman per figurare nel globo di Petrus Plancius. Fu riunita da Schiller al Tucano per raffigurarvi San Raffaele.

Hor – *Horologium.*

Ideato da LaCaille come Horologium Oscillatorium, in omaggio all'orologio a pendolo perfezionato da Huygens un secolo prima. Basato sul principio galileiano di isocronismo delle oscillazioni, recava anche la lancetta dei secondi (Horologe à pendule & à secondes).

Lyn – *Lynx.*

Ideata da Hevelius come "Lynx, sive Tigris", per riempire uno spazio abbastanza esteso ma anonimo tra Orsa Maggiore e Auriga, e costituita tutta di stelle molto deboli. La 31Lyn di Bayer è la sola stella identificata dagli Arabi, con due nomi possibili: Alsciaukat ("spina") o Mabsuthat ("l'esteso").

Men – *Mensa.*

Istituita da LaCaille, è il Monte Tavola in Sudafrica, sito dal quale egli condusse le sue osservazioni del cielo australe. Inizialmente proposto come "Montagne de la Table", poi "Mons Mensae", e infine abbreviato da Herschel e Baily come Mensa.

Mic – *Microscopium.*

Istituita da LaCaille (Le Microscope), celebra l'introduzione del microscopio negli studi naturalistici e in particolare in biologia, che rivoluzionò non meno di quanto il telescopio fece in astronomia. Strumento di dubbia paternità, ne comparve sicuramente uno a Londra nel 1619, fabbricato da Zacharias Janssen; il primo in Italia fu costruito da Galileo nel 1624.

Mus – *Musca.*

La costellazione fu disegnata da Petrus Plancius sulla base delle descrizioni di Keyser e de Houtman, forse in origine come Musca Indica e poi Ape (Apis), e inserita da Bayer nell'Uranometria. Venne disegnata come Vespa da Bartsch, infine LaCaille la mutò in Musca, per evitare confusione fra Apis e Apus (Uccello del Paradiso); si trova a tiro del vicino Camaleonte, suo predatore.

Cir – *Circinus.*

Figura minimale introdotta da LaCaille (Le Compas), è il compasso da carteggio per la navigazione.

Nor – *Norma.*

Anch'essa di LaCaille, è la Squadra da disegno, talvolta impropriamente indicata come Regolo; fa coppia col vicino Compasso non a caso, ma come emblema della geometria.

Pic – *Pictor.*

Introdotta da LaCaille, rappresenta il cavalletto del pittore con i suoi strumenti (Chevalet du Peintre). Nel '700 fu ritradotto come

Equuleus Pictorius (Cavalletto da Pittura); la IAU nel '900 lo abbreviò infine come Pictor (Pittore), alterandone il soggetto e quindi discostandosi dal senso originario.

PsA – *Piscis Austrinus.*

Figura di un pesce che attinge acqua dall'adiacente Acquario, pare si tratti del nume siriaco-canaanita Dagon, divinità marina. La leggenda racconta che suo era il tempio distrutto da Sansone a Gaza, ma è possibile che il nome derivi invece da Dagan e in tal caso si tratterebbe di "grano", quindi un nume legato al raccolto. In Egitto rappresenterebbe uno dei pesci che aiutarono Iside nella sua fuga lungo il Nilo.
Fomalhaut in arabo è la bocca del pesce (Fom al Hut). Secondo Eratostene, è l'animale che trasse in salvo la dea siriaca Derceto (in origine Atargati), che stava per annegare in uno specchio d'acqua presso l'Eufrate. Di questo episodio si danno diverse versioni, tra le quali un tentativo di suicidio per l'onta di essere stata ingravidata da un mortale; frutto di questo sarebbe la regina Semiramide. Vicende e meriti dello stesso genere vengono attribuiti ai due pesci zodiacali, dei quali l'Australe sarebbe progenitore.
Il sumerico (Mul) Ku è ugualmente un pesce, sacro ad Ea.
In Cina la figura era invece la Porta della guarnigione dei Territori del Nord, il nome di una porta settentrionale della città di Chang'an, capitale della dinastia Han.

Pyx – *Pyxis.*

Introdotta da LaCaille come Pyxis Nautica; è la bussola da navigazione ("cofanetto", come veniva chiamata per il suo contenitore), ottenuta separando alcune stelle della grande figura della Nave Argo.

Oct – *Octans*.

Strumento classico per le misure di altezza in navigazione, inventato da John Hadley nel 1730 e in suo omaggio rappresentato da LaCaille come Octans Hadleianus. Include l'attuale Polo celeste Sud; è tuttavia priva di una stella coincidente con questo. L'arco della sua misura è un ottavo di circonferenza, diversamente dal più moderno sestante (la sesta parte), pure rappresentato in cielo.

Le Costellazioni decadute.

A parte Antinoo, di epoca tolemaica, un insieme di figure moderne più o meno improvvisate fu proposto da diversi astronomi soprattutto nei secoli XVII e XVIII. Alcune andavano a riempire zone australi, delle quali non si conoscevano o semplicemente si ignoravano le descrizioni locali; altre miravano a celebrare novità scientifiche, personaggi storici, oggetti o animali ritenuti notevoli; la monumentale Uranographia di Bode arrivò a totalizzare 100 costellazioni. Le ultime erano generalmente scollegate da qualunque tradizione e furono in gran parte rigettate, ma molte compaiono come curiosità in carte celesti tuttora reperibili.

Di Michele Scoto (XII sec.): Tarabellum, Vexillum.

Di Schiller: tutte quelle menzionate.

Di Pietro Apiano: la Rosa.

Di Zacharias Bornmann (1596): Urna (dell'Acquario).

Di Petrus Plancius, che lavorò sulle descrizioni di Keiser e de Houtman: Apes, Gallus, Polophylax (guardiano del Polo), Sagitta Australis, Triangulus Antarcticus, Tigris (il fiume), Cancer Minor, Phoenicopterus.

Di Antoine Marie Schyrle de Rheita (1643): Sudarium Veronicae.

Di Gottfried Kirch (1684): Gladii Electorales Saxonici, Pomum Imperiale, Sceptrum Brandenburgicum.

Di Augustin Royer (1679): Sceptrum et Manus Iustitiae.

Di Johannes Hevelius: Cerberus, Triangulum Minor, Ramus Pomifer, Musca Borealis, Mons Menelaus.

Di Carel Allard (1706): Quadratum o Rhombus,

Di Edmund Halley (1679): Ramus Pomifer, Robur Carolinum.

Di John Hill (1754): Anguilla, Aranea, Bufo, Dentalium, Gryphites (medusa), Hippocampus, Hirundo, Limax, Lumbricus, Manis (pangolino), Pinna Marina, Patella, Testudo, Scarabaeus, Uranoscopus (pesce).

Di Jérôme Lalande (1775): Custos Messium, Felis, Globus Aerostaticus, Quadrans Muralis.

Di Pierre Charles Le Monnier (1776): Turdus Solitarius, Tarandus o Rangifer.

Di Martin Poczobut (1777): Taurus Poniatovii.

Di Karl Joseph Konig (1785): Leo Palatinus.

Di Maximilian Hell (1789): Psalterium Georgii, Tubus Herschelii Maior, Tubus Herschelii Minor.

Di Johann Elert Bode (1801): Machina Electrica, Frederici Honores, Lochium Funis, Officina Typographica.

Di Thomas Young (1807): Batteria di Volta.

Di William Croswell (1810): Marmor Sculptile (busto di Colombo).

Di Alexander Jamieson (1822): Noctua (gufo), Solarium (meridiana).

Di Richard Andree (1881): Pluteum (in luogo di Pictor).

Ai primi del '600, nel globo di Willem Jansz Blaeu, al posto del Camaleonte e del Triangolo Australe si ritrovano la Sirena e il centauro Caeneus, ma il loro autore è incerto.

La Via Lattea.

Anche se priva di una struttura e di un disegno nettamente definibili, come i gruppi di stelle precedenti, la banda luminosa della Via Lattea è chiaramente visibile e quindi oggetto di descrizioni da sempre.

Come tale, si rifà ancora una volta al mito greco: secondo questa teogonia, gli dèi neonati dovevano assumere l'immortalità dal latte di Giunone, e le venivano portati al seno uno ad uno. Ercole infante, già prodigiosamente forte all'origine, la morse con forza e la dea lo staccò dal seno infastidita. Lo schizzo di latte che ne uscì e si disperse, si rese visibile in cielo come Via Lattea; l'interruzione della poppata non conferì ad Ercole l'immortalità.

Secondo un altro mito greco, il giovane Fetonte aveva preso le redini del carro del padre Apollo, che conduceva il Sole nel suo percorso zodiacale. Ovidio racconta di come il ragazzo inesperto si fece prendere la mano dai cavalli, che uscirono di strada deviando pericolosamente più a nord e più a sud, con effetti disastrosi sia in cielo che in terra: le Orse si ritrassero per il caldo, a loro insopportabile, e si rivegliò ringhiando il Drago; il carro discese allora verso sud, dove l'estremo calore desertificò le regioni libiche, scurì la pelle degli Etiopi e provocò siccità. Intervenne infine Zeus che fologorò Fetonte per fermarne la corsa. Il giovane cadde nel fiume Eridano e non potè essere salvato (vedi il Cigno). La Via Lattea, con la sua evidente inclinazione rispetto allo zodiaco, sarebbe la traccia incandescente della corsa descritta dal Sole in quel frangente.

Altra rappresentazione del mito greco è il bagliore e il fumo che si leva dall'altare (vedi l'Ara). In relazione a un'idea più arcaica, Teofrasto la descrisse fisicamente come la giuntura delle due calotte emisferiche costituenti il firmamento, pensate come superfici opache e crivellate di fori. Da tali fori filtrerebbe una luce universale che, vista dall'interno, si manifesterebbe come i punti luminosi delle stelle; la Via Lattea sarebbe un trafilaggio diffuso dovuto al combaciare imperfetto delle due metà.

Confucio (Kung Fu Tzu) descrisse ugualmente le stelle come "occhi" dai quali filtra una luce divina ultraceleste.

Un mito particolarmente arcaico, rintracciabile in culture molto lontane e di origine imprecisabile, è quello del cammino celeste delle anime che lasciano il mondo dei vivi. Dove la sua luminosità è più evidente, queste si riuniscono più numerose accanto ai fuochi dei loro bivacchi notturni. Il percorso inizierebbe dove la Via Lattea incontra lo zodiaco a sud (vedi lo Scorpione) e terminerebbe all'opposto nei Gemelli, porta di reincarnazione. Dell'idea di un cammino o un transito, si sono impadronite molte tradizioni anche cristiane, che hanno fatto della Via Lattea il cammino di pellegrini o di santi locali; la più conosciuta è quella del Cammino di San Giacomo. Burnham cita la leggenda popolare di San Teodomiro che, guidato come i Magi da una stella, trovò la sepoltura del santo nell'835. Il luogo, noto come Campus Stella, fu origine dell'appellativo di S. Giacomo "di Compostella".

I Boscimani raccontavano che una ragazza si era vista sottrarre delle radici messe a cuocere su un fuoco; in un attacco d'ira, scaraventò in aria tutto il braciere. Le stelle brillano con il colore delle varietà di radici cotte, dal bianco al rosso; la traccia luminosa diffusa è il Cammino di Cenere. La Via Lattea dei Soto e degli Tswana è Molalatladi, il luogo dove riposano i fulmini.

Gli Inca avevano notato la presenza delle zone scure dovute a nebulosità corpuscolari, e attribuivano loro precise identità.

Riguardo al cosiddetto Sacco di Carbone fra Croce e Centauro, raccontavano che il dio Ataguchu, irato, avesse preso a calci la fascia luminosa staccandone un pezzo, corrispondente ora a quella zona buia; questo era poi ricaduto come una delle Nubi di Magellano. Altre cospicue nebulosità oscure della Via Lattea, tra la Carena e lo Scorpione eano rappresentate in forma di animali: lo stesso Sacco di Carbone era anche descritto come la pernice andina Yutu, mentre poco più a sud un'altra oscurità era il rospo Hanp'atu. A ovest della Croce si delineava il Serpente Mach'acuay, mentre la forma più estesa, oscura e cospicua che si snoda fra il Centauro e la coda dello Scorpione, era la femmina di Lama Yacana, seguita dal suo cucciolo e, più distante, dalla Volpe Atoq.

La medesima figura buia del Lama era invece immaginata dagli Aborigeni australiani sotto forma di un Emu; secondo i

Wardaman la sua testa, il Sacco di Carbone, era il busto di Utdjungon, entità giudice e custode della legge tribale.

Altra rappresentazione incaica della Via Lattea era quella di un fiume sacro, l'Urubamba.

L'idea di un fiume celeste è stata probabilmente la più diffusa in assoluto: era Akash Ganga (Letto del Gange) in India, Tien Ho (Fiume del Cielo) in Cina. Qui divideva il firmamento in due metà: nel sistema filosofico cinese delle due polarità, le costellazioni a nord della Via lattea erano considerate Yang, e quelle a sud Yin.

Per gli Arabi era Nahr din-Nur (Fiume o via di Luce), Nahr al-Majarra (Fiume galattico, o soltanto al-Majarra, Galassia), ed anche Sharj al-Sama (Cupola del Cielo). Molto popolare era l'immagine di Dahr al-Tabbanah, la Traccia di Paglia: quella che i contadini perdono per strada durante i loro andirivieni coi carri per i campi.

Secondo al-Marzuqi veniva anche chiamata Um al-Nujum, Madre di Stelle, perché qui si addensano più che altrove. Al-Biruni ipotizzò possibili legami tra diverse nebulose e la Via Lattea, immaginando che in certi casi potessero farne parte essendo costituite di singole stelle deboli. Al-Sūfī distinse le nebulose più diffuse come al-Latkhat al-Sahabyia ed altre più concentrate come al-Ishtibak al-Sahabiat, queste ultime talvolta corrispondenti ad ammassi o associazioni ai limiti delle capacità visive.

Abu Hanifa al-Dainawari riconobbe con chiarezza la struttura d'insieme della Via Lattea, che correttamente descriveva come un anello completo, benchè di spessore non uniforme: la massima consistenza era riscontrabile tra lo Scorpione (al-Aqrab) e le due Aquile al-Nasran (Aquila e Lira).

Il primo studioso in epoca pre-telescopica che interpretò la Via Lattea come una miriade di stelle fu Empedocle. Egli generalizzò al firmamento la sua ipotesi sulla struttura del mondo basata sulle singole unità, elementari e indivisibili, degli atomi. Immaginava che analogamente, le stelle potessero rappresentare le unità elementari a fondamento dell'universo; la conferma dovette attendere le osservazioni di Galileo e la pubblicazione del Sidereus Nuncius.

Era che allatta Eracle (Tintoretto).

La sagoma scura dell'Emù nella Via Lattea degli Aborigeni australiani, fra la Croce e lo Scorpione.

Il Sole, la Luna e i Pianeti

Anche riguardo agli astri erranti, non è possibile fissare con certezza l'epoca della loro prima descrizione. Ciò non solo evidentemente per il Sole e la Luna, ma anche per le cinque "stelle erranti", sicuramente già conosciute in Cina nel III millennio A.C., incluso l'elusivo Mercurio.

Nella cultura cinese il Sole e la Luna rappresentavano i poli Yang e Yin, e i pianeti i cinque elementi: Mercurio, l'acqua; Venere il metallo; Marte, il fuoco; Giove, il legno; Saturno, la terra. Il sistema poli-elementi inquadrava tutti i fenomeni naturali, e pertanto anche la salute e il destino umani. In particolare, le congiunzioni planetarie erano riguardate come adunanze strategiche delle forze di natura, e occasioni critiche nel definire lo svolgersi degli eventi a grande scala: i raggruppamenti di tutti e cinque i pianeti visibili preannunciavano forti mutamenti negli equilibri del mondo, e di fatto accompagnarono il rovesciamento di grandi dinastie imperiali. È degno di nota il fatto che da una parte il Sole e le stelle siano state identificate come Yang, e d'altra parte Luna e pianeti Yin. Questo stabilisce le due categorie polari non in base ad un criterio di brillanza nè di fissità, che sono le caratteritiche visuali più evidenti, bensì sulla costanza dell' emissione luminosa o la sua variabilità: nel caso del primo gruppo luce prima (diretta), nel secondo luce seconda (riflessa).

Nella tradizione vedica vengono annoverati tra i "pianeti" anche i nodi ascendente e discendente dell'orbita lunare, rispettivamente Rahu e Ketu, simbolicamente raffigurati come capo e coda di un serpente tagliato a metà. Questo porta a nove il loro numero, come è espresso dal termine Navagraha (Nove regni). Anche qui vi è una corrispondenza tra i pianeti visibili e gli elementi, ma in sostanziale autonomia rispetto al sistema cinese: Mercurio (Budha), la terra; Venere (Shukra), l'acqua; Marte (Mangala), il fuoco; Giove (Brihaspati), l'etere; Saturno (Shani), l'aria.

Nel mito pelasgico, i pianeti, il Sole, la Luna e le stelle sono nati dall'Uovo Universale di Eurinome insieme a tutte le cose animate e inanimate. A ciascuna delle sette potenze planetarie la dea assegnò la coppia di un Titano e di una Titanessa: al Sole,

Iperione e Tia (Eurifessa); alla Luna, Atlante e Febe; a Mercurio, Ceo e Meti; a Venere, Oceano e Teti; a Marte, Crio e Dione; a Giove, Eurimedonte e Temi; a Saturno, Crono e Rea. Si tratta di una tradizione pre-ellenica di probabile importazione cananea, collegata al computo dei giorni della settimana (vedi in fondo).

Il Sole e la Luna

Il greco Helios, il Sole, è fratello di Selene (la Luna) ed Eos (l'Aurora). Nonostante la sua indiscussa sacralità, nel mito greco non è un dio olimpico come i pianeti, ma un titanide. Come nella maggior parte delle mitologie antiche, percorre il cielo nell'arco della giornata da oriente a occidente, per poi di notte compiere il percorso inverso di nascosto sul fiume Oceano.

In Egitto il suo percorso diurno era attraverso il corpo di Nut (la volta celeste) e il rientro notturno si svolgeva nell'oscurita della Duat (oltremondo), transitando per dodici porte e recitando le corrispondenti formule ai dodici guardiani. Deificato come Ra, il centro del suo culto fu Heliopolis dove era venerato come Aton. Nel XIV sec. A.C. il faraone eretico Akhenaten istituì un culto solare monoteista collocando Aten (Aton) al posto della molteplicità degli dei tradizionali. Il suo centro fu Akhetaten (Orizzonte di Aten), l'attuale Amarna; la riforma non sopravvisse tuttavia al regno di Akhenaten.

L'immagine del Sole che transita in cielo su un veicolo è comune a molte culture; lo Shamash babilonese, figlio della Luna e fratello di Venere, vola sul carro che venne ideato in mesopotamia all'alba dell'età del ferro.

Il carro solare è trainato da quattro cavalli in Grecia, e da sette in India, dove Surya è anche raffigurato a quattro braccia. Il Freyr norvegese percorre invece il cielo a dorso di un cinghiale o, a suo piacimento, di una veloce imbarcazione.

In Cina si raccontava la vicenda di dieci soli che percorrevano individualmente il cielo con la madre Xihe; un giorno decisero di presentarsi in cielo insieme, surriscaldando il mondo. Non avendo obbedito all'ingiunzione del padre Dijun di rientrare, per suo ordine furono colpiti dall'arciere Yi, che ne abbattè nove per lasciarne infine uno solo.

Per gli Inuit la divinità lunare era maschile, Annigan, e femminile invece quella solare, Malina. Un giorno scoppiò un litigio tra i due fratelli, e Malina corse via rincorso da Annigan. Durante l'inseguimento il dio lunare trascurava di nutrirsi e periodicamente lo si vede dimagrire fino a sparire. Una volta rifocillato, riprende la corsa ingrossandosi; quelle volte in cui riesce a raggiungere la sorella Sole, la eclissa.

I Fon del Golfo del Leone attribuiscono a Lisa (il Sole) e Mawu (la Luna) il carattere di spiriti gemelli maschio/femmina, e la funzione classica di forza-calore e di fertilità-maternità; sono la coppia che ha generato l'Universo. Stessi generi, con attributi di supreme divinità benefiche, per la coppia coniugale lunisolare degli Inca, Kilya e Inti.

Il Sole era Huitzilopochtli presso gli Aztechi, che lo raffiguravano in lotta costante contro l'oscurità della notte.

Era deificato come Mithra e Mazda in Persia, e il suo culto come Sol Invictus rimase ancora molto popolare in età romana fino ai tempi di Costantino.

Il Sole, come Helios, sulla quadriga.

La Luna romana è identificata con diverse figure e molti epiteti; è "Diva Triformis", Proserpina, Diana, Ecate ("figlia della Notte"). È base dei calendari più arcaici e collegata tradizionalmente al ciclo ovarico femminile. Dal greco "mene" (Luna) derivano in inglese "Moon" e "month", in latino "mensis" e da questo i termini "mese" e "mestruo". Propiziatrice di pioggia, le sono sacri la quercia e il toro bianco, al quale rinviano le corna in forma di falce crescente.

In India la Luna è un divinità maschile, col nome sanscrito di Chandra. Il suo aspetto maculato è dovuto a un battibecco con Ganesh, alla fine del quale quest'ultimo gli scagliò contro un pezzo della sua zanna rotta.

Luna e Sole sono rispettivamente maschio e femmina anche nella tradizione araba antica, ed entrambi maschi in quella mesopotamica.

Il dio lunare regolava il calendario ed era conosciuto con nomi diversi in ogni regno autonomo: Ilumquh per i Sabei, Amm e Anbay per i Qatabaniani, Wadd (amore) per i Minaei, e Sin, figlio di Enlil, in Mesopotamia.

La dea solare era Dhat Hamym in sud-Arabia, e la canaanita Shapash. Per i Sumeri era il dio Utu, successivamente Shamash in accadico.

La Luna come Selene.

I Pianeti

Entità divine per la maggior parte delle prime civiltà, in Cina erano conosciuti e osservati tutti e cinque con grande attenzione sin dai tempi più remoti, soprattutto per il significato astrologico attribuito alle loro reciproche congiunzioni.

In Egitto erano tutti diverse manifestazioni di Horus, e simboleggiati in figure umane con la testa di falco, ad eccezione di Venere, rappresentata da un airone.

Per i Greci in principio i pianeti si identificavano in base alle caratteristiche visibili (Stilbon per Mercurio, Phosphoros per Venere, Pyroeis per Marte, Phaethon per Giove, Phainon per Saturno); solo successivamente furono identificati come dei olimpici e fu avviato lo studio dei loro moti, in accordo alle indicazioni dell'Epinomide, opera del IV sec. A.C. attribuita a Platone o a Filippo di Opunte.

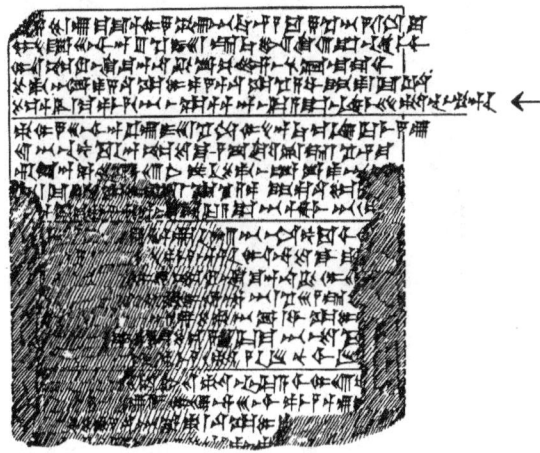

Tavoletta cuineiforme del V sec. A.C., il primo documento scritto che menziona tutti e cinque i pianeti. Dalla quinta riga si ricava: "Giove e Venere nei Gemelli, Marte nel Leone, Saturno nei Pesci; il 29.mo giorno Mercurio nel Toro al tramonto". Le posizioni corrispondono all'aprile del -419 (VAT 4924, Berlino).

Mercurio: il più veloce e al tempo stesso il più difficile da avvistare, è tradizionalmente rappresentato come il messaggero degli dei, e presiede alla comunicazione, alle informazioni, ai viaggi, alle relazioni. Per i Greci Hermes era figlio di Zeus e della ninfa Maia; il padre gli fece dono dei sandali alati che lo avrebbero fatto correre come il vento.

Fu lui a inventare l'astronomia, la lira e scala musicale, la bilancia e le misure, il pugilato e la ginnastica; e ad aiutare le Moire a comporre l'alfabeto.

Mercurio (Hermes) come Thurms etrusco.

Venere: entità classicamente femminile, per il suo periodo sinodico che la porta in elongazioni alterne mediamente in poco più di nove mesi. Per questa coincidenza con la gestazione umana, si diceva che nove volte togliesse il sangue alla madre per darlo al figlio. In alcuni calendari fu incorporato il doppio ciclo di 262 giorni; l'esempio più documentato è quello Maya, in cui la base di calcolo era lo Tzolkin di 260 giorni. Per i Maya l'astro rappresentava peraltro una divinità maschile ed infausta,

Kukulkan, che si era immolato su una pira e il cui cuore era asceso in cielo come astro errante.

È probabile che una medesima periodicità fosse inserita nel calendario etrusco, sulla base del quale vennero poi stabilite alcune festività e ritualità di quello romano regio, per il quale Venere era anche rappresentata come Matuta.

L'Afrodite greca, dea della seduzione, era consorte di Efesto ma amante di Ares (Marte), col quale generò Phobos, Deimos e Armonia. Diede un figlio anche ad Hermes, unione dalla quale nacque Ermafrodito, dal doppio nome e doppio sesso.

La figura mesopotamica (la sumerica Inanna e accadica Ishtar) ne è l'equivalente sotto tutti i principali aspetti, e ne rispecchia pienamente il carattere sia come forza procreativa che distruttiva. Dal nome accadico derivano Astoreth, Astarte, Ester, Aster (astro, ingl. "star").

Come astro del mattino e della sera, aveva il doppio nome egizio rispettivamente di Tiu-Nutiri e Uati.

Venere come Afrodite.

Marte: il pianeta "rosso" è la divinità guerriera. Figlio di Giove e Giunone, o secondo Ovidio solo di quest'ultima, era in genere temuto e indesiderato da tutti gli dei dell'Olimpo tranne Afrodite, sua amante, e Ade, che accoglieva sempre volentieri i morti in guerra. Era sempre caro alla sorella Eris, con la quale suscitava guerra e discordie ovunque possibile. Non era tuttavia un guerriero invincibile, essendo stato più volte battuto da Atena, messo in fuga da Ercole, e imprigionato in un'urna di bronzo dagli Aloadi (vedi Crater). Fu però decisivo e meritevole il suo intervento nella battaglia degli dei contro i Giganti.

A Roma era oggetto di culto come genitore mitico di Romolo e Remo, congiuntosi alla vestale Rhea Silvia. Sua consorte era Nerio o Neriene, forse figura di origine sabina e successivamente sostituita da Minerva; entrambi erano festeggiati il 23 marzo, mese in suo nome, che segnava l'inizio dell'anno.

In Mesopotamia era l'astro rappresentativo del dio infero Nergal, del quale condivideva pienamente il carattere funesto.

In Egitto ha avuto tra gli altri, l'appellativo di "Horus il rosso".

Marte come Ares.

Giove: grande padre celeste, è nel mito vedico Diaus-Pitr (da cui Deus Pater, Jupiter), consorte di Prithvi e genitore diretto di Indra, Agni (il Fuoco) e Usas (l'Aurora).

Classicamente associato alla prosperità, alla crescita e al potere, rinvia alla figura mesopotamica di Marduk e ne ripete le gesta nelle battaglie sostenute contro le forze e i mostri avversi agli dei: ad esempio il Tifone greco, del tutto analogo a Tiamat.

Il Giove romano corrisponde allo Zeus greco, ma va rilevata la preesistente figura etrusca di Tin (o Tinia) ad esso equivalente, che potrebbe avere assunto il carattere e l'identità di quella greca.

Tra il cospicuo numero dei suoi figli adulterini, spiccano in cielo i Dioscuri (vedi Gem.). In Cina era di fondamentale importanza la sua posizione ("Stazione") zodiacale, associata ad una regione o regno specifico. Il suo transito in ciascuna di esse rappresentava una circostanza favorevole agli affari dinastici e di stato; le stazioni e retrogradazioni erano però considerate segni di così cattivo auspicio da suggerire cautele e ripensamenti nelle decisioni strategiche. Arrivarono al punto di indurre al rinvio di campagne e manovre militari, in attesa del ristabilirsi della normalità rappresentata dal moto diretto.

Giove come Zeus.

Saturno: figlio di Urano, il Cielo, e Gea, la Terra, è il signore dei Titani, il Cronos greco che divorava i suoi figli. Ordinatore sociale, è figura legata all'agricoltura; nelle rappresentazioni classiche ha in mano un falcetto e un mazzo di spighe. In Grecia le feste Cronie rappresentavano un rovesciamento rituale di regole, per cui gli schiavi potevano banchettare coi loro padroni. Analoga festività quella romana dei Saturnalia di dicembre, di carattere carnevalesco e talvolta orgiastico.

Si ipotizza un legame tra il romano Saturno e l'etrusco Satre o Satres, ma non è certo se e quale dei due possa essere traslitterazione dell'altro. Sua consorte era Consus, divinità tutelare del grano.

Era luogo comune che Crono-Saturno rappresentasse anche lo scorrere del tempo; il suo lungo incedere zodiacale gli valse l'appellativo di "lento" o "zoppo" dei Sumeri.

Saturno come Aion (Eone).

I giorni della settimana

In quasi tutte le culture i sette giorni portano i nomi di Sole, Luna e cinque pianeti. La sequenza dei singoli giorni non è accordata con le loro caratteristiche di posizione, e discende invece da un ordinamento che segue il corso delle 24 ore. Lo si può decifrare tenendo presente che ogni pianeta a turno sovrintende a un'ora, partendo dal più lontano (Saturno) alle ore zero, e discendendo successivamente di ora in ora verso il più vicino nella sequenza Giove-Marte-Sole-Venere-Mercurio-Luna, che corrisponde a un'ordine di periodo sinodico visibilmente decrescente. In tal modo alle ore 23 si viene a posizionare Marte, dopodichè alle zero del giorno seguente è di turno il Sole. Ad ogni ripetersi delle 24 ore, si presentano quindi di giorno in giorno Luna, Marte, Mercurio, Giove, Venere e di nuovo Saturno. Ogni 168 ore il ciclo si ripete, e questo è l'ordine finale del ciclo di sette giorni: Sabato, Domenica (Dominus), Lunedì, Martedì, Mercoledì, Giovedì, Venerdì. Uno schema più sintetico si può rappresentare graficamente (in fondo).

L'introduzione e la diffusione del periodo di sette giorni è peraltro ancora incerta; nell'antichità era infatti diffuso un ciclo di dieci giorni (Egitto, Mesopotamia, Attica), convivendo talvolta in diversi modi sia col mese lunare che con la settimana; a Roma fu anche in vigore un ciclo di otto.

I Sumeri consideravano infausto il settimo giorno e i suoi multipli, e decretarono di conseguenza l'astensione dal lavoro, canone che si ritrova nelle religioni e culture successive: il giorno festivo ebraico è il sabato, quello cristiano la domenica, quello islamico il venerdì. Si ebbero tentativi di riforma sporadici e abortivi in tempi recenti: nella Francia rivoluzionaria la settimana fu sostituita da una decade di giorni numerali, e il giorno diviso in 10 ore anzichè 12; in Russia nel 1929 fu sostituita da un ciclo di 5 giorni, portato successivamente a 6, e ripristinato a 7 nel 1940.

Schema geometrico della sequenza dei 7 giorni planetari: la freccia circolare ordina i pianeti in senso orario per velocità crescente (da ore 12: Saturno, Giove, Marte, Sole, Venere, Mercurio, Luna). Sulla base di quest'ordine, partendo da uno qualunque e saltando a quello opposto per difetto (anticipando in senso orario), si riproduce l'ordine settimanale canonico.

Appendice

Nomi dei Pianeti

	Sole	Luna	Mercurio	Venere	Marte	Giove	Saturno
Greco	Helios	Selene	Hermes	Aphrodite	Ares	Zeus	Kronos
Latino	Sol	Diana	Mercurius	Venus	Mars	Iupiter	Saturnus
Sumerico	Utu	Sin	Udu-idim-Gud-ud	Inanna	Sal-Bat-Anu	Udu-idim Sag-me-gar	Sag-Ush Kaywanu
Egizio	Aten	Iah	Sabku	Ba'ah	Heru-deshet	Her-wepes-tawy	
Accadico	Shamash	Nannar	Sihtu	Ishtar - Dilbat	Salbatanu	Marduk	Ninurta
Arabo	Shams	Quamar	Otaared	Zuhra	Merrikh	Mushtarie	Zuhal
Ebraico	Shemes	Yareach	Kochav Chama	Nogah	Ma'adim	Tzedek	Shabtay
Mandarino	Taiyang	Yuequi	Shuixing	Jingxing	Huoxing	Muxing	Tuxing
Giapponese	Taiyou	Tsuki	Suisei	Kinsei	Kasei	Mokusei	Dosei
Cantonese	Taiyeung	Yueqao	Suising	Gumsing	Fuosing	Moqsing	Tousing
Coreano	Taeyang	Dahl	Soosung	Kumsung	Hwasung	Moksung	Tosung
Sanscrito	Surya	Chandra	Budha	Sukra	Mangala	Brhiaspati	Sani
Uzbeco	Quyosh	Oy	Utorid	Zuhra	Mirrikh	Mushtarij	Zuhal
Irlandese	Grian	Gealach	Mearcair	Véineas	Mars	Iúpatar	Satarn
Farsi	Khorshid	Mah	Tir	Zohreh	Merrikh	Moshtari	Kayvon
Turco	Günes	Ay	Merkür	Venüs	Mars	Jüpiter	Satürn
Russo	Solnce	Luna	Merkurij	Venera	Mars	Yupiter	Saturn
Tahitiano	Tane	Marama	Ta'ero	Ta'ura	Maunu-'ura	a Ta'urua-nui	i Fetu-tea
Esperanto	Suno	Luno	Merkuro	Venuso	Marso	Jupitero	Saturno

Stelle: nomi arabi

Nome corrente	Traslitterazione	Significato	Nome arabo
Acamar	Ākhir an-Nahr	foce del fiume	آخر النهر
Achernar	Ākhir an-Nahr	foce del fiume	آخر النهر
Acrab	al-'Aqrab	scorpione	عقرب
Açubens	az-Zubanāh	chela	الزبانى
Adhafera	ad-Dhafīrah	ricciolo	الضفيرة
Adhara	al-'Adhāra	vergine	العذارى
Adhil	ad-Dhayl	coda	الذيل
Adib	Al-dhi'b	lupo	الذنب
Ain	'Ain	occhio	عين
Albali	al-Bāli'	mangiatore	البالع
Alchibah	al-Khibā	tenda	الخباء
Aldebaran	al-Dabarān	successiva	الدبران
Alderamin	ad-Dhirā' al-Yamīn	braccio destro	الذراع الأيمن
Alfirk	al-Firqah	gregge di pecore	الفرقة
Algebar	(Rijl) al-Jabbār	(piede del) gigante	رجل الجبار
Algedi	al-Jady	capra	الجدي
Algenib	al-Janb	fianco	الجنب
Algieba	al-Jabhah	fronte	الجبهة
Algol	(Ra's) al-Ghūl	(capo) del gigante/demone	رأس الغول
Algorab	al-Ghurāb	corvo	الغراب
Alhena	al-Han'ah	marchio	الهنعة
Alioth	Al-Jawn	cavallo nero	الجون
Alkaid	al-Qā'id (bināt na'sh)	la guida (delle figlie)	القائد بنات نعش
Alkes	al-Ka's	coppa	الكأس
Almak	al-'Anāq al-Arḍ	piede a terra	عناق الأرض
Almeisan	al-Maisān	splendente	الميسان
Alnair	an-Nayyir	brillante	النّير
Alnasl	al-Naṣl	punta	النصل
Alnilam	an-Niżām	perle	النّظم
Alnitak	an-Niṭāq	cintura	النطاق
Alphard	al-Fard	solitario	الفرد
Alphecca	(Nayyir) al-Fakka	(luminosa) dell'anello	نير الفكّة
Alpheratz	(Surrat) al-Faras	(ombelico) del cavallo	سُرّة الفرس
Alrescha	al-Rišā'	corda	الرشاء
Alsafi	al-Athāfiyy	treppiede	الأثافي
Alsuhail	Suhail	Suhail	سهيل
Altair	(an-Nisr) aṭ-Ṭā'ir	(l'aquila) volante	النّسر الطّائر

112

Altais	at-Tāis	capra	التيس
Alterf	aṭ-Ṭarf	sguardo	الطرف
Aludra	al-Udhrah	vergine	العذرة
Alula Australis, Alula Borealis	(al-Qafzah) al-Ūla	salto (australe, boreale)	القفزة الأولى
Alya	al-Alyah	meccanismo	الألية
Angetenar	Arjat an-Nahr	corso del fiume	عرجة النهر
Ankaa	al-Anqā'	fenice	العنقاء
Arkab	al-Arqūb	tendine del ginocchio	العرقوب
Arneb	al-Arnab	lepre	الأرنب
Arrakis	ar-Rāqiṣ	danzatrice	الراقص
Atik	al-Atiq	spalle	عاتق الثُّرَيّا
Auva	al-Awwā'	latrato	العوّاء
Azha	Āšiyāne (persiano)	cesto	
Baham	Sa'd al-Biham	fortuna dei cuccioli	سعد البهام
Baten Kaitos	Batn Qaytus	ombelico della balena	بطن قيطس
Beid	Baiḍ	uova	بيض
Benetnash	Banat Na'sh	figlie col feretro	بنات النعش
Betelgeuse	Ibt al-Jauzā'	braccio di quello in mezzo	إبط الجوزاء
Botein	al-Buṭayn	ombelico	بطين
Caph	al-Kaff al-Khadib	palma	الكــف الخضيب
Celbalrai	Kalb ar-Ra'i	cuore del pastore	كلب الراعي
Chort	al-Kharāt	costola	الخرت
Cursa	Kursiyy (al-Jauzah)	trono (di quello in mezzo)	الكرسي
Dabih	(Sa'd) adh-Dhābiḥ	(fortunata) degli uccisori	سّعد الذّابح
Deneb	Dhanab (ad-Dajājah)	coda (del pollo)	ذنب الدجاجة
Deneb Algedi	Dhanab al-Jady	coda della capra	ذنب الجدي
Deneb Dulfim	Dhanab ad-Dulfîn	coda del delfino	ذنب الدّلفين
Deneb Kaitos	Dhanab al-Qaiṭos (al-Janūbīyy)	coda (meridionale) della balena	ذنب القيتوس الجنوبي
Denebola	Dhanab (al-Asad)	coda (del Leone)	ذنب الاسد
Diphda	aḍ-Ḍifda' aṯ-ṯānī	(la seconda) rana	الضّفدع الثاني
Dschubba	al-Jabhah	la fronte	الجبهة
Dubhe	(Kahil) ad-Dubb	(schiena) dell'orso	كاهل الدّب
Dziban	adh-Dhi'ban	due volpi o sciacalli	الذئبان
Edasich	adh-Dhikh	due iene	الذّيخ
El Nath	an-Nath	che urta	النطح
Eltanin	at-Tinnin	grande serpente, drago	التنين
Enif	al-Anf	naso	الأنف
Errai	ar-Rā'ī	pastore	الراعي
Fomalhaut	Fum al-Ḥūt	bocca del pesce	فم الحوت
Furud	al-Furud	solitaria	الفرد
Gienah	al-Janāḥ	ala	الجناح
Gomeisa	al-Ghumaisa'	piangente	الغميصاء
Hadar	Ḥadār	insediamento	حضار
Hamal	(Rās) al-Ḥamal	(capo dell') ariete	رأس الحمل

Heka	al-Haqʿah	macchia bianca	الهقعة
Homam	Saʿd al-Humām	fortunata del saggio	سعد الهمام
Izar	Al-Izar	cintura, guaina	الإزار
Jabbah	al-Jabhah	fronte	الجبهة
Kabdhilinan	Kaʿb Ðil-ʿinan	spalla del cocchiere	كعب ذي العنان
Kaffaljidhma	al-Kaff al-Jadhma'	mano amputata	الكف الجذماء
Kaus Australis, Kaus Media, Kaus Borealis	al-Qaus (...)	arco (australe, medio, boreale)	القوس
Keid	al-Qaiḍ	guscio	القيض
Kitalpha	Qiṭʿat al-Faras	ombelico	قطعة الفرس
Kochab	Al-Kaukab (al-shamali)	astro (del nord)	كوكب
Kurhah	al-Qurhah	taglio	القرحة
Lesath	al-Lasʿah	pungiglione	اللسعة
Luh-Denebola / Denebola	Dhanab al-Asad/al-Layth	coda del leone	ذنب الاسد/الليث
Maasym	al-Miʿsam	polso	معصم الثَّريّا
Maaz	al-Māʿz	capretto	المعز
Mankib	Mankib (al-Faras)	spalla (del cavallo)	منكب الفرس
Marfik	al-Mirfaq	gomito	المرفق
Markab	Markab (al-Faras)	sella (del cavallo)	منكب الفرس
Matar	al-Saad al-Maṭar	fortunata della pioggia	سعد مطر
Mebsuta	al-Mabsūṭah	(zampa) distesa	الذِّراع المبسوطه
Megrez	al-Maghriz	radice della coda	مغرز
Meissa	al-Maisan	luccicante	الميسان
Mekbuda	al-Maqbuḍah	piegato	الذِّراع المقبوضة
Menkalinan	Mankib Dhī-l-ʿInān	spalla del cocchiere	منكب ذي العنان
Menkar	al-Minhar	narice	المنخر
Menkent	Mankib al-Qanturis	spalla del Centauro	منكب قنطورس
Menkib	Al-Mankib	spalla	منكب الثَّريّا
Merak	al-Marāqq	fianco	المراق
Mintaka	al-Minṭaqa	cintura	المنطقة
Mirak	al-Marāqq	fianco	المراق
Mirfak	al-Mirfaq	gomito	مرفق الثَّريّا
Mizar	al-Me'zar	cintura	المنزر
Mothallah	(Ra's-ul)-Muthallath	(capo del) triangolo	المثلث
Muphrid	Mufrid-ur-Rāmiḥ	solitario del lanciere	المفرد
Murzim	al-Murzim	annunciatore	المرزم
Nashira	(Saʿd) Nashirah	(fortunata di) Nashirah	سعد ناشرة
Nekkar	al-Baqqār	bovaro	البقار
Nihal	an-Nihal	abbeveranti	النهال
Nusakan	an-Nasaqān	schiere	النسقان

Nushaba / Alnasl	Zujj al-Nashshaba / an-Naşl	Punta di freccia	النصل / نشابة
Okda	al-ʿUqdah	nodo	العقدة
Phact	al-Fākhitah	colomba	فاخثة
Phad	al-Fakhidh	coscia	فخذ
Pherkad	al-Farqad	vitello	فرقد
Rasalased	Ra's-ul-Assad	capo del leone	رأس الأسد
Rasalgethi	Ra's-ul-Jathī	capo dell'inginocchiato	رأس الجاثي
Rasalhague	Ra's-ul-Ḥawwāʾ	capo del serpentario	رأس الحوّاء
Rastaban	Ra's-uth-Thuʿban	capo del serpente	رأس الثعبان
Rigel	Rijl-ul-Jabbār/al-Jauza	piede del mediano	رجل الجبّار
Rigilkent	Rijl Qanţūris	piede del centauro	رجل القنطورس
Risha	al-Rišāʾ	corda del pozzo	الرشاء
Rukbah	al-Rukbah	ginocchio	الركبة
Rukbat	Rukbat-ur-Rāmī	ginocchio dell'arciere	ركبة الرامي
Sabik	as-Sabiq	precedente	السابق
Sadachbia	Saad-ul-Akhbiyah	fortunata delle tende	سعد الاخبية
Sadalbari	Saad-ul-Bariʾ	fortunata della splendente	سعد البارع
Sadalmelik	Saad-ul-Malik	fortunata del re	سعد الملك
Sadalsuud	Saad-us-Suuūd	fortunata delle fortunate	سعد السعود
Sadr	as-Şadr	petto	الصدر
Saiph	as-Saif	spada	السيف
Scheat	as-Sāʾid	spalla	الساعد
Shaula	ash-Šawlā	(coda) piegata	الشولة
Shedir	as-Şadr	petto	الصدر
Sheliak	Šiliyāq	arpa	الشلياق
Sheratan	aš-Šarāţān	segni	الشرطان
Sirrah	Surrah	ombelico	سُرّة الفرس
Skat	as-Saq / Ši'at	gamba	الساق / شئت
Sulafat	as-Sulḥafāt	tartaruga	السلحفاة
Talitha Australis, Talitha Borealis	al-Qafzah ath-Thaletha	terzo salto di gazzella (australe, boreale)	القفزة الثّالثة
Tania Australis, Tania Borealis	al-Qafzah ath-Thāneya	secondo salto di gazzella (austr., bor.)	القفزة الثّانية
Tarf	at-Ţarf	sguardo	الطرف
Thuban	ath-Thuʿbān	serpente	الثعبان
Unukalhai	Unuq-ul-Ḥayyah	collo del serpente	عنق الحية
Vega	an-Nisr al-Wāqi	aquila in picchiata	النسر الواقع
Wasat	Wasat as-Samāʾ	in mezzo al cielo	وسط السماء
Wezen	al-Wazn	peso	الوزن
Wezn	al-Wazn	peso	الوزن
Yed Posterior	al-Yad	mano (posteriore, dorso)	مؤخّر يد الحوّاء

Yed Prior	al-Yad	mano (anteriore, palmo)	مقدّم يد الحوّاء
Zaurac	az-Zawraq	barca	الزورق
Zavijava	Zāwiyat-ul-ʿAwwāʾ	cantuccio del guaito	زاوية العواء
Zawiah	az-Zawiyah	cantuccio	الزاوية
Zubenelgenubi	az-Zubān-ul-Janūbi	Estremità meridionale	الزبان الجنوبي
Zubeneshamali	az-Zubān-ush-Šamāli	Estremità settentrionale	الزبان الشمالي

Alfabeto Greco

A α	alpha	N ν	nu
B β	beta	Ξ ξ	xi
Γ γ	gamma	O o	omicron
Δ δ	delta	Π π	pi
E ε	epsilon	P ρ	rho
Z ζ	zeta	Σ σ/ς	sigma
H η	eta	T τ	tau
Θ θ	theta	Y υ	upsilon
I ι	iota	Φ φ	phi
K κ	kappa	X χ	chi
Λ λ	lambda	Ψ ψ	psi
M μ	mu	Ω ω	omega

Riferimenti

Come da nota introduttiva, questo lavoro è nato da "appunti sparsi" e documenti non sempre rintracciabili. Di seguito si dà una selezione - del tutto minimale e soggettiva - di riferimenti bibliografici e di rete ritenuti attendibili.

Testi:

J. D. Staal: The New Patterns in the Sky
R. Graves: I Miti Greci
G.Vanin: Catasterismi
G. M. Sesti: The Glorious Constellations
D. W. Pankenier: Astrology and Cosmology in Early China
R. Laffitte: Le Ciel des Arabes
W. Horowitz: Mesopotamian Cosmic Geography
M. Clagett: Ancient Egiptian Science - vol. II
C. Gallo: L'Astronomia Egizia

Siti:

F. Stoppa: http://www.atlascoelestis.com/
I. Ridpath: http://www.ianridpath.com/

e di qui ulteriori collegamenti e bibliografie valide.

Programmi:

Stellarium: stellarium.org/it

Per quel che riguarda Wikipedia, Stellarium e quanto reperibile in rete, va rilevato che in alcuni casi figurano nomi e informazioni di incerta provenienza e difficile verifica, per i quali è d'obbligo una certa cautela, e che qui non sono stati considerati.

118

INDICE Alfabetico *(N... = & pagine seguenti)*